高等院校工业设计专业系列教材

兰玉琪　张莹　潘弢　张喜奎　编著

清華大學出版社
北京

内 容 简 介

模型制作是产品设计开发过程中体现设计概念的重要方法和手段，为产品概念的实现提供了可进行综合分析、研究与评价的实物参考依据，同时也是实现从产品研发到产品正式生产之前的重要保障。

本书共分 10 章内容，对产品模型的相关概念、产品模型制作的意义与作用、产品模型的种类与用途、产品模型制作材料选择与应用、产品模型制作常用的工具设备使用方法与安全防护，以及使用纸质、石膏、油泥、塑料等不同材料进行设计表达的方法与步骤等方面进行了详细的描述，并结合大量制作案例进行直观表达，让读者能够轻松掌握相关的知识。

本书内容深入浅出、易学易用，适合于学习产品设计专业的学生、工业设计师、工业设计公司及设计爱好者阅读。

图书在版编目 (CIP) 数据

产品设计模型制作与工艺 / 兰玉琪等　编著 . —3 版 . —北京：清华大学出版社，2018 (2024.1 重印)
(高等院校工业设计专业系列教材)
ISBN 978-7-302-50965-3

Ⅰ . ①产…　Ⅱ . ①兰…　Ⅲ . ①产品设计－模型－高等学校－教材　Ⅳ . ① TB472

中国版本图书馆 CIP 数据核字 (2018) 第 190897 号

责任编辑：李　磊　焦昭君
装帧设计：王　晨
责任校对：牛艳敏
责任印制：沈　露

出版发行：清华大学出版社
网　址：https://www.tup.com.cn，https://www.wqxuetang.com
地　址：北京清华大学学研大厦A座　邮　编：100084
社 总 机：010-83470000　邮　购：010-62786544
投稿与读者服务：010-62776969，c-service@tup.tsinghua.edu.cn
质 量 反 馈：010-62772015，zhiliang@tup.tsinghua.edu.cn
印 装 者：北京嘉实印刷有限公司
经　销：全国新华书店
开　本：190mm×260mm　印　张：9.25　字　数：273千字
版　次：2007年11月第1版　2018年9月第3版　印　次：2024年 1月第11次印刷
定　价：49.80元

产品编号：068531-01

高等院校工业设计专业系列教材

编委会

序

今天，离开设计的生活是不可想象的。设计，时时事事处处都伴随着我们，我们身边的每一件东西都被有意或无意地设计过和设计着。

工业设计也是如此。工业设计起源于欧洲，有百年的发展历史，随着人类社会的不断发展，工业设计也经历了天翻地覆的变化：设计对象从实体的物慢慢过渡到虚拟的物和事，设计方法关注的对象也随之越来越丰富，设计的边界越来越模糊和虚化；从事工业设计行业的人，也不再局限于工业设计或产品设计专业的毕业生。也因此，我们应该在这种不确定的框架范围内尽可能全面和深刻地还原和展现工业设计的本质——工业设计是什么？工业设计从哪儿来？工业设计又该往哪儿去？

由此，从语源学的视角，并在不同的语境下厘清设计、工业设计、产品设计等相关的概念，并结合对围绕着我们“被设计”的事、物和现象的观察，无疑可以帮助我们更深刻地理解工业设计的内涵。工业设计的综合性、交叉性和边缘性决定了其外延是广泛的，从艺术、文化、经济和技术等不同的视角对工业设计进行解读或许可以更完整地还原工业设计的本质，并帮助我们进一步理解它。

从时代性和地域性的视角下对工业设计历史的解读，不仅仅是为了再现其发展的历程，更是为了探索推动工业设计发展的动力，并以此推动工业设计进一步的发展。无论是基于经济、文化、技术、社会等宏观环境的创新，还是对产品的物理空间环境的探索，抑或功能、结构、构造、材料、形态、色彩、材质等产品固有属性以及哲学层面上对产品物质属性的思考，或者对人的关注，都是推动工业设计不断发展的重要基础与动力。

工业设计百年的发展历程给人类社会的进步带来了什么？工业发达国家的发展历程表明，工业设计教育在其发展进程中发挥着至关重要的作用，通过工业设计的创新驱动，不但为人类生活创造美好的生活方式，也为人类社会的发展积累了极大的财富，更为人类社会的可持续发展提供源源不断的创新动力。

众所周知，工业设计在工业发达国家已经成为制造业的先导行业，并早已成为促进工业制造业发展的重要战略，这是因为工业设计的创新驱动力发生了极为重要的作用。随着我国经济结构的调整与转型，由“中国制造”变为“中国智造”已是大势所趋，这种巨变将需要大量具有创新设计和实践应用能力的工业设计人才，由此给我国的工业设计教育带来了重大的发展机遇。我们充分相信，工业设计以及工业设计教育在我国未来的经济、文化建设中将发挥越来越重要的作用。

目前，我国的工业设计教育虽然取得了长足发展，但是与工业设计教育发达的国家相比确实还存在着许多问题，如何构建具有创新驱动能力的工业设计人才培养体系，成为高校工业设计教育所面临的重大挑战。此套系列教材的出版适逢“十三五”专业发展规划初期，结合“十三五”专业建设目标，推进“以教材建设促进学科、专业体系健全发展”的教材建设工作，是高等院校专业建设的重点工作内容之一，本系列教材出版目的也在于此。工业设计属于创造性的设计文化范畴，我们首先要以全新的视角审视专业的本质与内涵，同时要结合院校自身的资源优势，充分发挥院校专业人才培养的优势与特色，并在此基础上建立符合时代发展的人才培养体系，更要充分认识到，随着我国经济转型建设以及文化发展对人才的需求，产品设计专业人才的培养在服务于国家经济、文化建设发展中必将起到非常重要的作用。

此系列教材的定位与内容以两个方面为依托：一、强化人文、科学素养，注重世界多元文化的发展与中国传统文化的传承，注重启发学生的创意思维能力，以培养具有国际化视野的复合型与创新型设计人才为目标；二、坚持“科学与艺术相融合、创新与应用相结合”，以学、研、产、用一体化的教学改革为依托，积极探索具有国内领先地位的工业设计教育教学体系、教学模式与教学方法，教材内容强调设计教育的创新性与应用性相结合，增强学生的创新实践能力与服务社会能力相结合，教材建设内容具有鲜明的艺术院校背景下的教学特点，进一步突显了艺术院校背景下的专业办学特色。

希望通过此系列教材的学习，能够帮助工业设计专业的在校学生和工业设计教学、工业设计从业人员等更好地掌握专业知识，更快地提高设计水平。

天津美术学院产品设计学院
副院长、教授

前言

工业设计是制造业的先导行业，在工业产品设计中发挥着重要的作用。工业设计师通过将科学与艺术的完美结合，不断为人们设计、创新和引导未来生活方式，通过对多学科知识体系的综合运用，创造性地构思了既具备科技因素，又富含艺术气息和文化内涵的新的产品设计概念，符合人们需要的、合理的产品设计概念最终要以产品的形式表现出来。

在产品设计开发阶段，通常情况下使用产品模型描述设计概念、展现设计内容。产品模型是根据产品设计的不同阶段按构思内容或设计图样对产品的形态、结构、功能及其他产品特征进行设计表达而形成的实体或虚拟产品模型。

在产品设计过程中，模型制作是体现设计概念的重要方法和手段，设计师通过产品模型制作过程不但能将设计概念具象化，以此表达设计思想、展现设计内容，更主要的是通过产品模型制作过程可以帮助设计师分析和解决例如产品形态、人机尺度、功能实验、结构分析、材料运用、加工工艺等诸多设计要素之间的关系问题。模型表现与制作过程实际是设计的再深入过程，通过产品模型能够不断修改与完善设计内容，提前预测、反馈和获取重要的设计指标，尽量避免设计中非合理性因素的出现。产品模型制作为产品概念的实现提供了可进行综合分析、研究与评价的实物参考依据，同时，产品模型制作也是实现从产品研发到产品正式生产之前的重要保障。

产品模型始终跟随产品设计的全过程，每一阶段的设计所使用的模型有各自的作用与价值。目前，在产品设计研发阶段，经常使用手工模型、数字化模型、快速成型技术等方法手段进行设计表达。手工制作模型具备直观效果，能够直接进行设计体验，制作过程中更容易开发出早期的设计想法，具有即时调整与快速表达设计构思的优势，是表达设计构思不可或缺的重要方法。随着计算机技术的不断发展，产品设计中利用CAD软件虚拟构建产品模型，实现虚拟表现、虚拟测试、虚拟实验过程，已经成为产品开发的新方式，在设计中发挥着重要的作用。通过快速成型技术可有效提高模型制作的效率与真实性。每种类别的模型都有各自的价值，在不同的设计阶段发挥不同的作用，作为一名工业设计师应熟练掌握和应用。

产品设计模型制作作为一种非常便捷且十分合理的设计与表现方法，如何在设计阶段通过产品模型综合展现未来产品的设计内容是设计师设计能力的重要体现。设计师不要简单地将模型制作过程理解为只是将二维内容转化成三维实体的过程，倘若如此，模型制作过程便失去了真正的含义，只有充分认识到产品模型制作的重要意义，才能在设计实践中借助产品模型完善设计过程。

本书由兰玉琪、张莹、潘弢、张喜奎编著，邓碧波、马彧、陈永超、李巨韬、汪海溟、寇开元、吕太锋、谭周、周旭、龙泉等也参与了本书的编写工作。由于作者水平所限，书中难免有疏漏和不足之处，恳请广大读者批评、指正。

本书提供了 PPT 教学课件资源，扫一扫右侧的二维码，推送到自己的邮箱后即可下载获取。

编　者

目录

第 1 章 产品模型概述

1.1 产品模型的相关概念

产品模型是根据产品设计的不同阶段，按构思内容或设计图样对产品的形态、结构、功能及其他产品特征进行设计表达而形成的实体或虚拟模型。

如图 1.1 所示为使用聚氨酯硬质发泡材料经表面涂饰制作的汽车模型。

图 1.1

1.1.1 产品模型与产品原型

产品模型也称产品原型，都是用于描述产品、服务或系统的初始三维呈现的术语。

各行各业都有自己的产品，每个行业进行新的产品开发都有一个从概念向现实转化的过程，能够承载概念的任何事或物都可以称为产品原型。例如，UI 设计师的界面使用流程策划、工程师设想的结构连接状况等，都可称为产品原型。由于产品原型在产品设计中所包含的范围和内容更广，因此这个术语在产品设计中应用得越来越广泛。

产品模型始终跟随产品设计的全过程，每一阶段的设计所使用的模型都有各自的作用与价值，模型主要是用来描述产品外观及各种功能的设计内容，通过模型验证设计的合理性并寻求解决方案。

1.1.2 产品模型的类型

目前，在产品设计中经常使用如下几种类型的模型进行设计表达，每种类型的模型都有各自的价值，在不同的设计阶段发挥不同的作用。

1. 手工模型

通过手工的方式并借助工具、设备对材料进行加工制作的模型，习惯上称为手工模型。

2. 数字模型

使用计算机技术、通过 CAD 软件建立的产品虚拟模型称为数字模型。

通过数字模型可以虚拟表现产品的功能、结构、装配关系等设计内容。如图 1.2 所示为使用 UG 工程软件建立的空气净化器产品数字模型，通过数字模型虚拟表达产品各零部件的结构及零件之间的装配关系等。

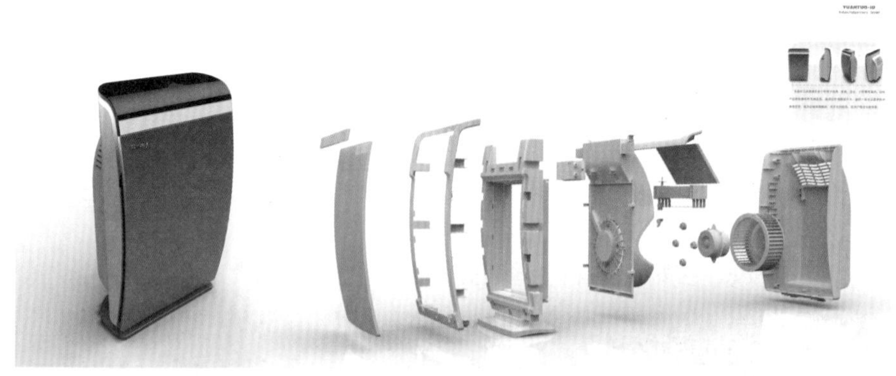

图 1.2

3. 快速成型

快速成型 (Rapid Prototyping，简称 RP) 是 20 世纪 80 年代末出现的涉及多学科、新型综合性的先进制造技术，是在 CAD/CAM（计算机辅助设计 / 计算机辅助制造）技术、激光技术、多媒体技术、计算机数控加工技术、精密伺服驱动技术以及新材料技术的基础上集成发展起来的高新制造技术。其应用领域非常广泛，快速成型技术也为产品模型制作提供了新的成型与设计应用的方法，如图 1.3 所示。

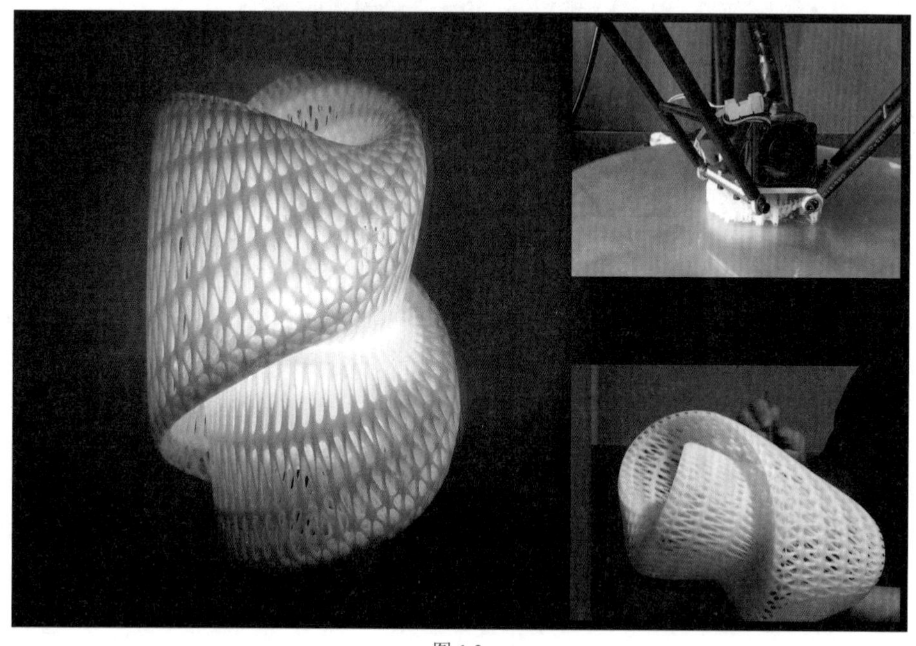

图 1.3

4. 不同类型的模型在设计环节中的转换使用

每种类型的模型都有各自的价值，在不同的设计阶段发挥不同的作用。

在产品设计研发阶段，手工制作模型具备直观效果，能够直接进行设计体验，制作过程中更容易开发出早期的设计想法，具有即时调整与快速表达设计构思的优势，是表达设计构思不可或缺的重要方法。

随着计算机技术的不断发展，产品设计中利用 CAD 软件虚拟构建产品模型，实现虚拟表现、虚拟测试、虚拟实验过程，已经成为产品开发的新方式，在设计中发挥着重要的作用。例如，利用数字模型绘制产品级的外观展示效果、借助虚拟建模的精确性模拟组合零件之间的干扰测试、借助工程软件的有限元分析功能虚拟测试产品静负荷受力情况下的变形分析等。

利用快速成型技术可提高模型制作的效率，辅助设计表达的能力比较强，只需电脑连通数控加工设备即可实现制作过程；快速成型技术的应用可加快产品从研发到批量投产的周期，提高了企业产品在市场上的快速响应能力。

作为产品设计师，应该在实体模型和虚拟模型之间实现自如转换，发挥各自的优势，应学会驾驭不同的表现手段和方法来服务于设计。

1.1.3　产品模型的“迭代”

较上一个模型的更新，每个新版本通常被称为一个“迭代”。

产品模型的改进一直伴随整个设计流程，随着设计的不断深入，模型会随设计内容的更新不断发生变化，逐渐被更完善的“迭代”模型所替代。

如图 1.4 所示为电源插头的模型“迭代”。通过模型的“迭代”，表达更为完善的设计内容。

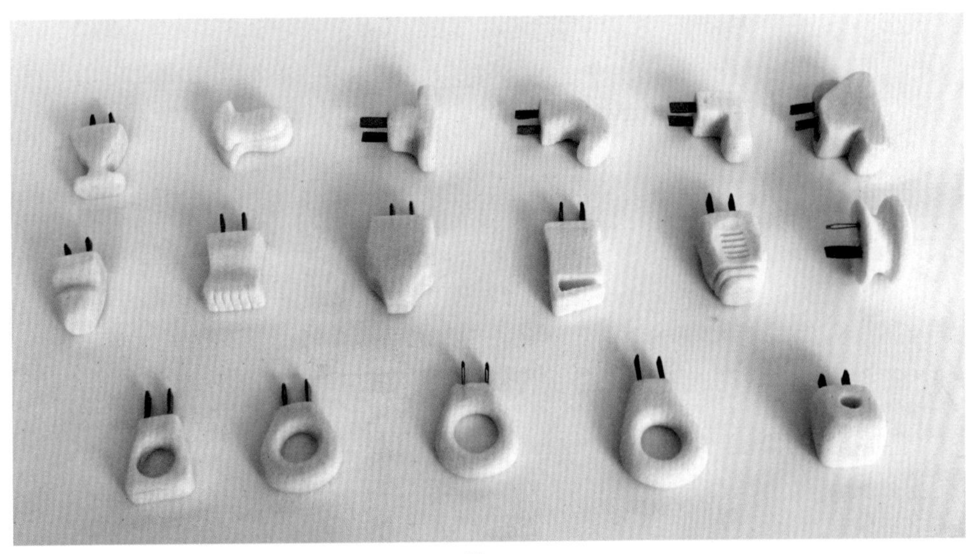

图 1.4

1.2　产品模型制作的意义与作用

工业设计师通过对科学与艺术的完美结合以及多学科知识体系的综合运用，创造性地构思了既具备科技因素，又富含艺术气息和文化内涵的设计概念。符合人们需要的、合理的产品设计概念的最终目的是要转化为被人们使用的产品。产品模型制作的意义与作用在于能够使产品设计概念实体形象化、通过产品模型实现向真实产品的过渡与转化。

1. 产品模型的构建是创造性的设计实践过程

一个产品概念要转变成一件真正的产品需要进行大量的前期工作，不仅仅只是停留在纸面设计或是在电脑上绘制效果图那样简单。从设计到生产要经历复杂的过程，其间会遇到很多问题。例如，如何在设计研发过程中尽量避免出现设计缺陷、如何防止在投产阶段出现生产方面的问题、如何最大限度地降低研发成本等。通常情况下，设计师在设计阶段就会及时将产品概念形象化，使概念成型为“产品”，并以该“产品”为介质，用于综合表现设计内容，这个介质就是产品模型。设计研发过程中通过产品模型的构建过程，实现了从产品概念到产品现实的转化过程。

产品模型在现代工业产品设计过程中发挥着重要作用，与二维平面表现方式截然不同，由于产品模型是以一个真实空间体的形式出现，所以能够立体、全方位地展示设计内容，能给人们非常强烈的直观感受。在设计阶段通过产品模型的构建过程，设计师首先具备了立体表达设计内容的能力，通过产品模型表达产品设计方案，使设计内容具备了真实的体验感。

模型制作与表现的过程实际上是设计的再深入过程，以产品模型为介质进行设计实践活动，不但可以成为表达、分析、评价和验证设计的实物依据，更为重要的是通过产品模型的构建过程能够不断激发设计师的设计联想，结合对新学科知识、新技术、新材料在设计中的应用，创造性地进行产品设计研发。用产品模型综合表达设计内容是设计师设计创新能力的重要体现。

如图 1.5 所示为座椅设计。经过前期的草图设计方案分析和功能试验，从众多方案中选择有效方案进行设计表现，通过模型制作过程逐渐掌握立体表现方法，同时对材料特性、加工工艺、生产流程等应用方面收获更多。

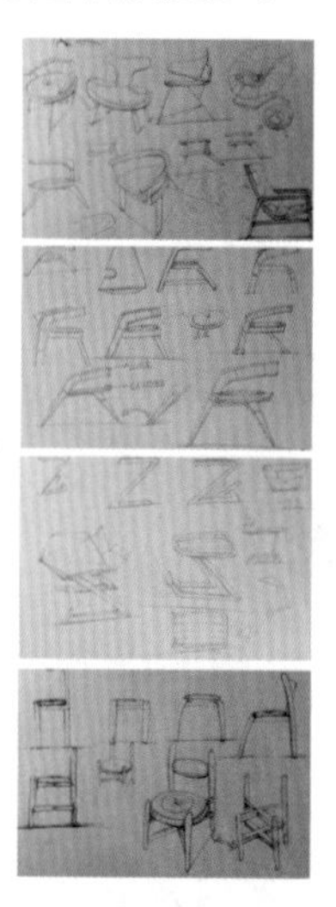

图 1.5

2. 产品模型的构建是综合协调新产品研发问题的有效方法

产品开发过程中会存在许多未知或未解的问题，越复杂的产品设计所涉及的规则和原理也就越多，多种问题的交织使得设计变得错综复杂。

长期的设计实践证明，产品模型是实现从研发到正式生产之前的关键环节与重要保障，产品模型的构建过程就是协调和解决新产品研发中出现的系列问题的过程，产品模型的构建是一种合理、有效的设计方法。

通过产品模型可以使设计团队进行面对面的交流与探讨，通过交流不断拓展设计思路。由于产品模型能给人以直观的设计感受，将产品模型作为一种综合表现设计内容的载体，用于表达和模拟产品的外观、功能、结构，协调和解决各个设计要素之间的关系问题，如形态设计、功能实验、结构应用、人机测试、材料运用、制造工艺等。

在设计过程中，使用模型对设计内容进行反复推敲，能及时找出设计中存在的缺陷与问题，进而可以有序、渐进地提出协调和解决问题的方案与设想。

另外特别提醒的是，设计师将模型制作、草图表现和电脑制作有机结合，在产品研发阶段综合三者进行表达设计，是现代产品设计师必备的专业基础能力。

下面以如图 1.6 所示的桌面空调设计方案为例，简述产品模型制作在设计研发阶段所发挥的作用与意义。

图 1.6

作为一名工业设计师，要学会在生活中具有敏锐的观察问题、发现问题的能力，通过对现实生活中存在的问题和潜在需求，不断提出设计概念，通过产品作为概念载体，解决人们现实生活中存在的问题，以及为人们创造更加美好的生活方式。

如图 1.7 所示为以故事板的表达方式提出概念设想。

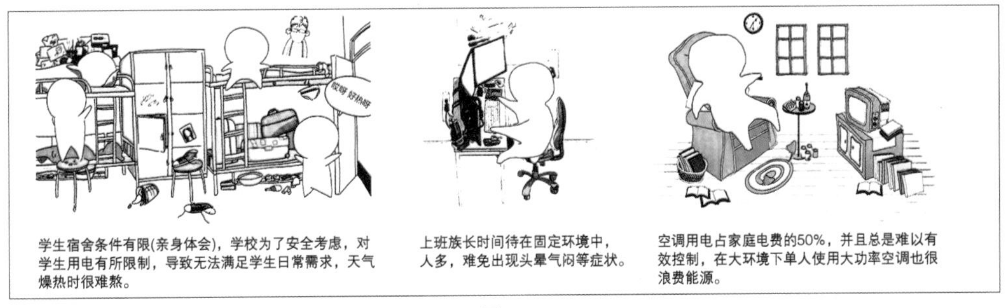

图 1.7

概念提出后，在设计初期应进行广泛调研，并以此为基础进行深入分析与研究。设计的每个阶段要经过头脑风暴不断地对问题、需求进行交流与研讨，以寻求最佳解决问题的机会点，如图 1.8 所示。

图 1.8

通过对问题的分析、归纳与总结，逐渐展开深入研究，提出对未来产品的设计设想，如图 1.9 所示。

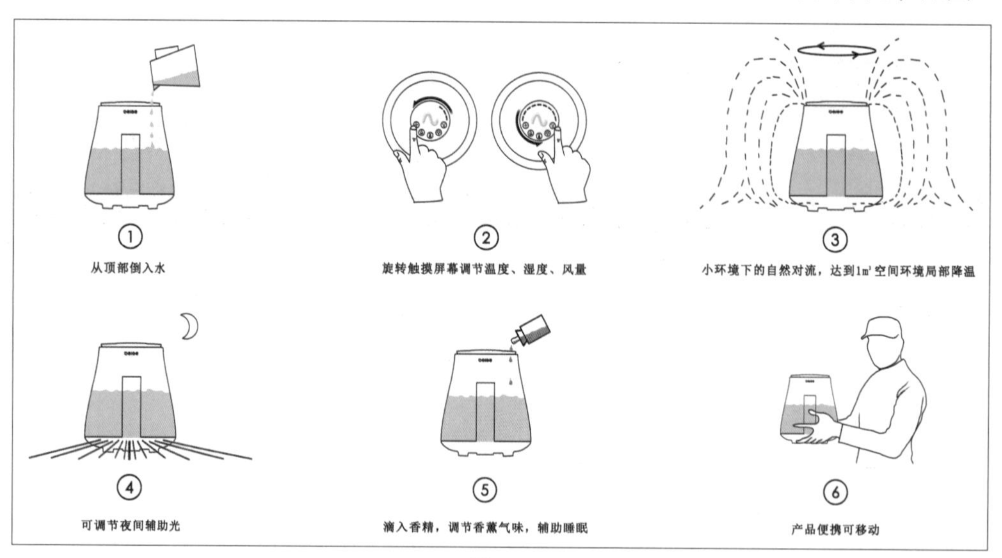

图 1.9

不同设计阶段要使用不同种类的模型表达设计内容，通过模型对形态、结构、功能、使用环境等构思内容进行模拟表现与实验，以验证设计的可行性。产品模型要经历多次“迭代”并伴随设计的全过程，如图 1.10 至图 1.14 所示。

如图 1.10 所示为通过模型表达产品形态设计。形态设计应围绕产品功能、操作方式、结构连接、生产工艺、材料应用等方面进行设计表达与分析。

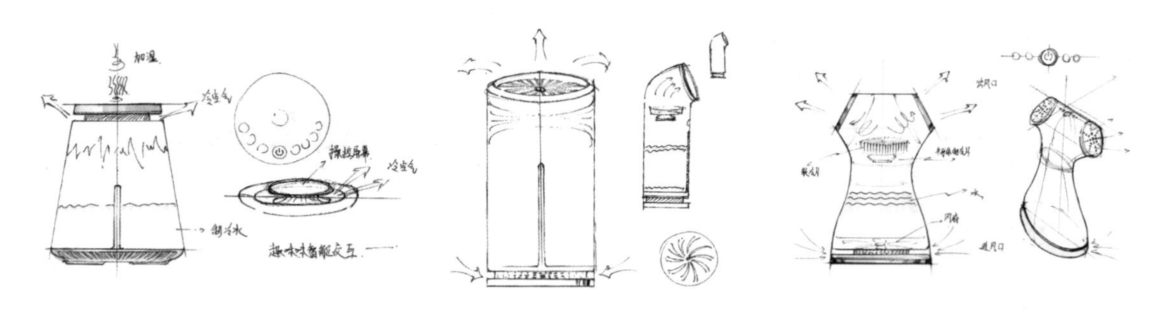

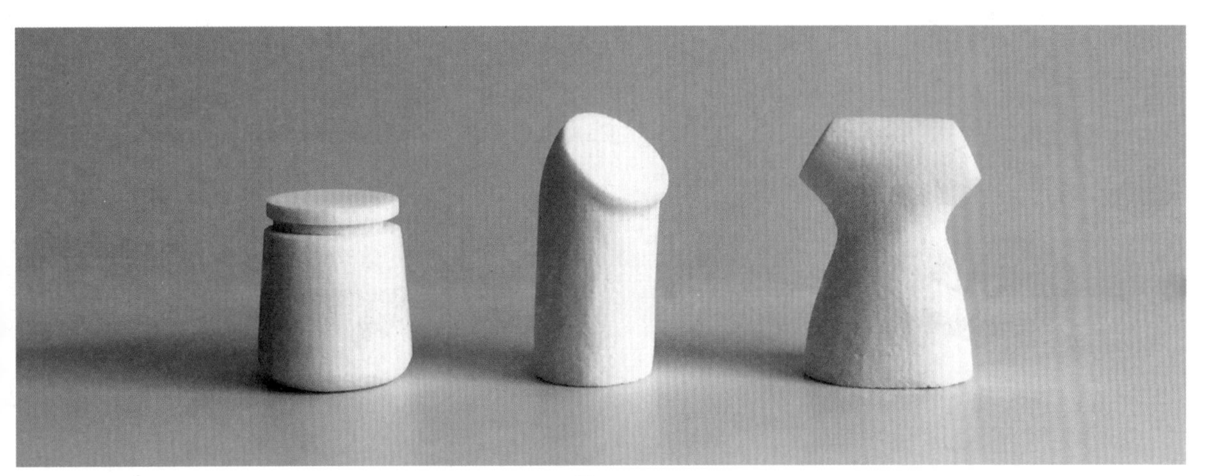

图 1.10

如图 1.11 所示为模型内部所需的元器件及功能构件。

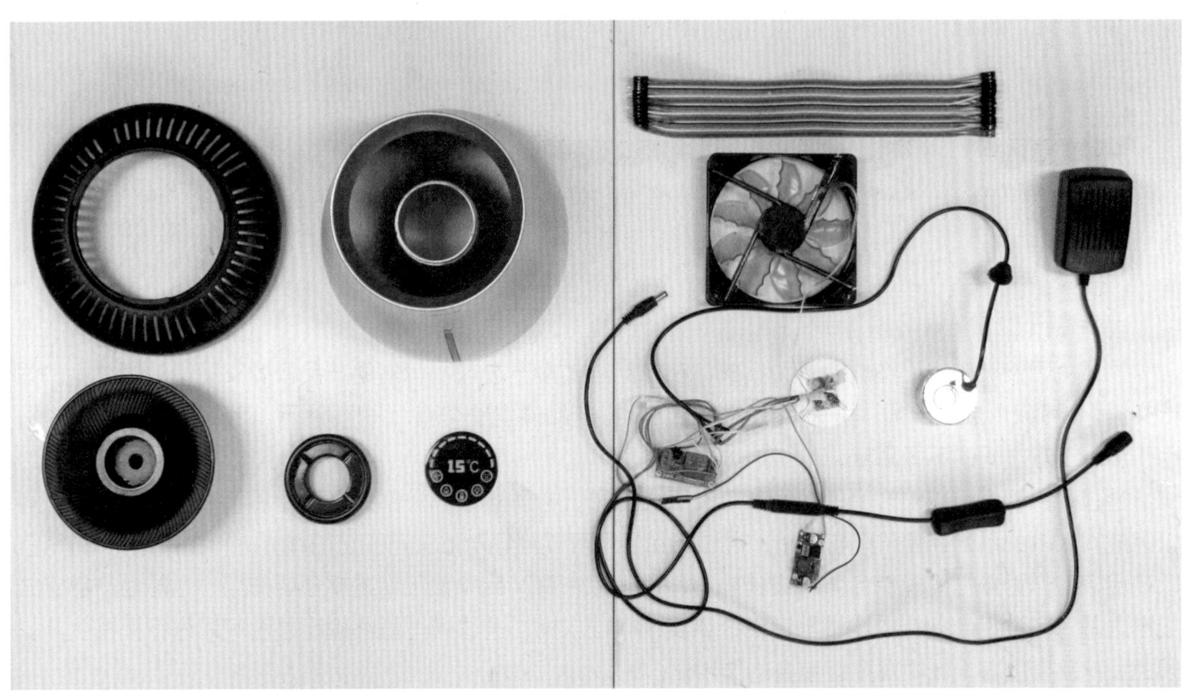

图 1.11

如图 1.12 所示为通过 CAD 计算机辅助设计建立的数字模型，通过数字模型对产品的工作原理、内部连接结构、标准元器件的布局、电机安放位置及装配方式等内容进行设计表达与分析、研究。

在综合分析的基础上最后确定设计方案，使用 3D 打印快速成型技术打印成型，将元器件装配后进行实际试验与测试，如图 1.13 所示。

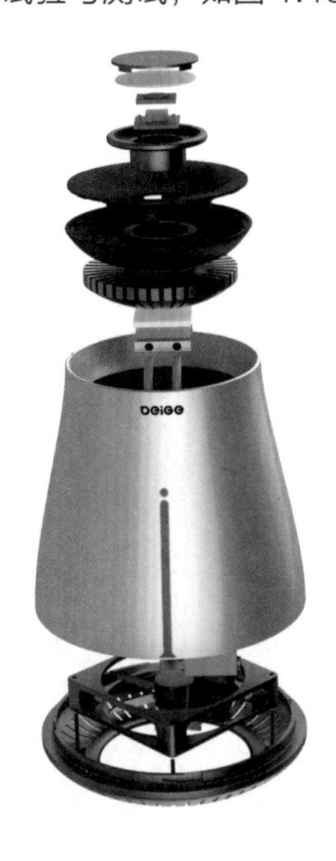

图 1.12

图 1.13

如图 1.14 所示为配色方案设计。

图 1.14

3. 产品模型的构建是交流、评价、展示、验证设计的实物依据

为避免因设计失误而造成的各种损失，在产品正式投产之前，可借助产品模型实现设计师之间的设计交流，也可以形成设计师、客户、用户之间的互动。产品模型是交流、评价、展示、验证设计的实物依据，用于满足三方之间的不同需求。

通过产品模型可以对产品的造型形态、表面色彩、材质肌理等外部特征进行展示；通过产品模型可以完成对人机关系的综合研究与分析；通过产品模型可以制订产品生产工艺路线、进行生产成本核算等。以产品模型作为依据既能综合体现设计内容，以确保未来产品能够正常发挥预期作用，也能为产品正式投产之前对各种设计指标的测试与评估提供实物验证依据，通过模型最终确定是否可以进行批量生产。因此，产品模型在设计中发挥着重要的作用。

如图 1.15 所示是一款儿童衣物处理机方案设计。经过对儿童衣物处理机设计方案的多次调整与改进，最终确定设计方案，产品具有自动定时、温度调节、紫外线杀菌等作用。

图 1.15

通过模型制作对各项设计指标进行综合验证，也用于进行交流、评价与展示，给客户、用户更为直观的设计感受。

1.3　产品模型的种类与用途

根据产品模型在各个设计阶段所发挥的实际作用，可以将其分为概念构思模型、功能实验模型、交流展示模型和手板样机模型 4 种类型。这样的分类方法对解决设计过程中的设计创意与技术现实两大主题之间的矛盾尤为有效，因为产品创意的实现需要技术现实的支撑，而设计过程中由于技术现实的假想和参数问题可能会限制设计的创新，所以将模型进行阶段性区分能使每一类型模型在不同设计阶段发挥不同的作用，设计过程中应该要逐渐学会运用不同形式的产品实体模型解决不同设计阶段存在的问题，虽然每类模型可以单独去研究使用，但它们之间又存在着关联性，掌握不同种类的制作方法，能最大限度地实现优化设计的过程。

1.3.1　概念构思模型

概念构思模型是将初期概念、想法以三维形态快速、概括表达的基础表现模型，用于概念的延伸与拓展。

在概念转化的初期阶段，设计师经常在二维平面上用设计草图进行概念表达，作为一种概念表达方式以探讨概念延伸和拓展的可能性，体现出快速、简便的优势。与设计草图表达概念有所区别的是概念构思模型既具备了立体化、可视性表达的优势，又具备了设计体验性与触摸性。

由于概念构思模型主要用于快速体现设计初期的许多概念构想，此阶段可以大量构建概念构思模型进行分析比较，为设计师提供分析、对比和探讨的依据，目的是将初始的概念进行拓展与延伸，在此过程中往往能够激发设计师的联想，甚至能够引发初始概念的新突破，实现创新性的新概念产生。

概念构思模型主要用于形态、结构、功能等基本构思内容的体现，不必拘泥于模型的完整度与精细度。

如图 1.16 所示为园林修剪刀设计。模型构建使用了废旧的塑料玩具球和硬纸板快速制成一把园林修剪刀模型，用于快速表达设计构思。

图 1.16

如图 1.17 所示为电动助力车电池盒设计。使用黏土、聚氨酯硬质发泡材料制作模型，目的是快速表达形态、连接方式等设计构思内容。

图 1.17

1.3.2 功能实验模型

功能实验模型是验证产品功能设计合理性的模型，具有模拟、体验、实验、测试等作用。

为确保产品功能设计的合理性，应借助功能实验模型对产品的功能设计内容进行模拟实验与测试分析。

功能实验模型侧重于实验与体验，不必一味追求产品外在的效果表现，通过功能实验模型可以完成诸如：人机尺度分析与体感体验；结构设计与结构连接方式检验；产品危险性与安全标准测试；材料受力测试（如对材料进行强度实验、震动实验、拉伸与抗弯实验、抗疲劳实验等）；进行风洞实验测试风阻系数、气动噪声等实验内容。

通过在早期设计流程中进行此类实验测试，能够使系统建立起以用户为中心的使用需求框架，只有经过实验过程所反馈出的实际数据和感受，才能准确评判功能设计指标是否达到要求。

如图 1.18 所示为调色盒设计。调色盒的设计概念是解决色料在使用时颜色容易互相混合的问题，设想是既可以单独使用保持色料的纯度，又可以在使用以后相互连接在一起便于收纳和保存。此模型的制作就是研究单独的颜色盒之间的插接方式与连接关系。

图 1.18

如图 1.19 所示为脚部电脑操作器设计。设计构思是考虑上肢残疾人对电脑使用的需求问题，设想使用下肢进行操作，在设计中对脚部与设备的接触形态研究、操作方式研究，要借助功能实验模型进行试验与测试，以获得最合理的使用效果。

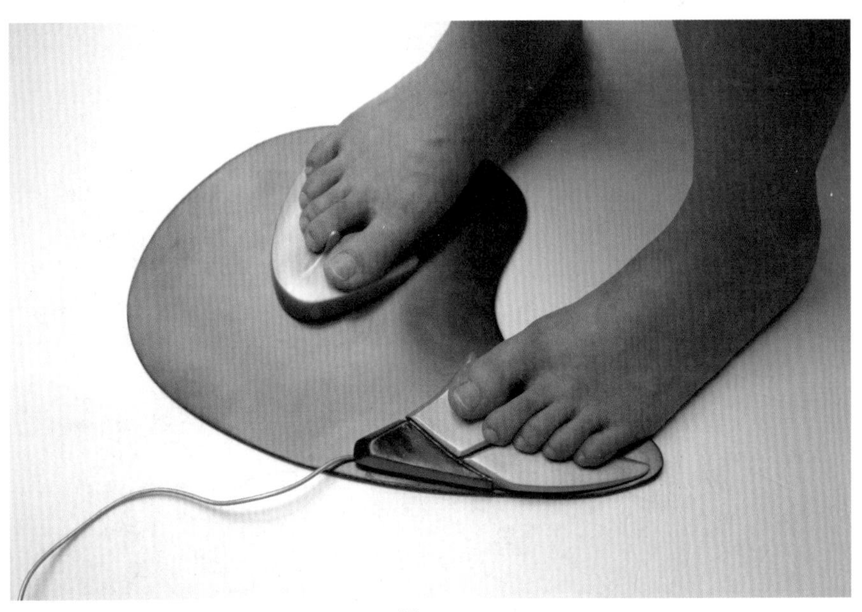

图 1.19

1.3.3 交流展示模型

交流展示模型是侧重效果展示的模型，具有交流、展示与产品推广等作用。

交流展示模型用于重点表现产品的外部特征，模型应真实表现出未来产品的外观形态、色彩、肌理效果、结构连接等外部特征。

交流展示模型要求制作精细，无论使用何种表现材料、采用何种加工制作方法，只要能够仿真表现出未来产品的外在设计效果，使之具有展示、宣传、交流、评价的作用，交流展示模型便达到了制作的目的。

这些最终的外观型模型同样具有多种用途，比如在确定最后的大批量生产投资之前，向客户展示最终的外观型模型有助于签订订购合同。这些模型也可以展示在展销会上，或者拍成专业的产品照片，用于新产品发布会等。

如图 1.20 所示为投影阅读器设计。通过展示模型模拟体现一种新的阅读方式，具有概念表达、交流说明、宣传推广等作用。

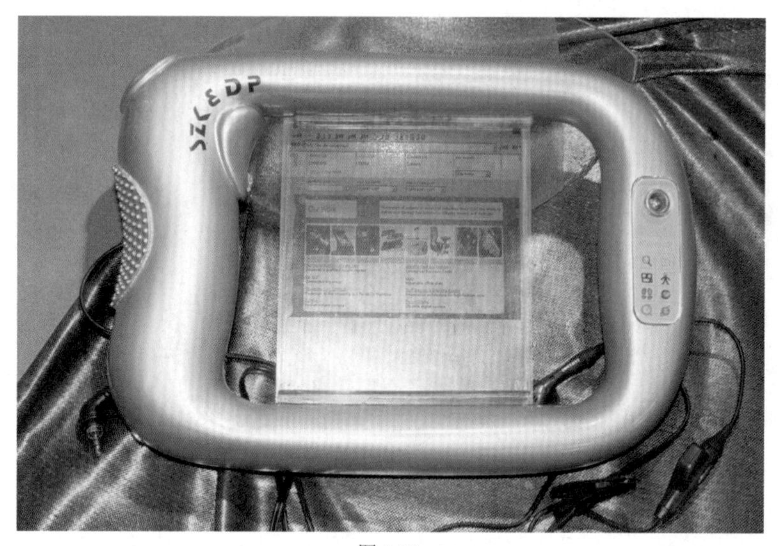

图 1.20

如图 1.21 所示为电子导盲手杖设计。通过展示模型将电子导盲手杖上运用的科技内容进行概念传达、宣传与推广。同时对导航、定位、语音播报等功能特征进行描述。

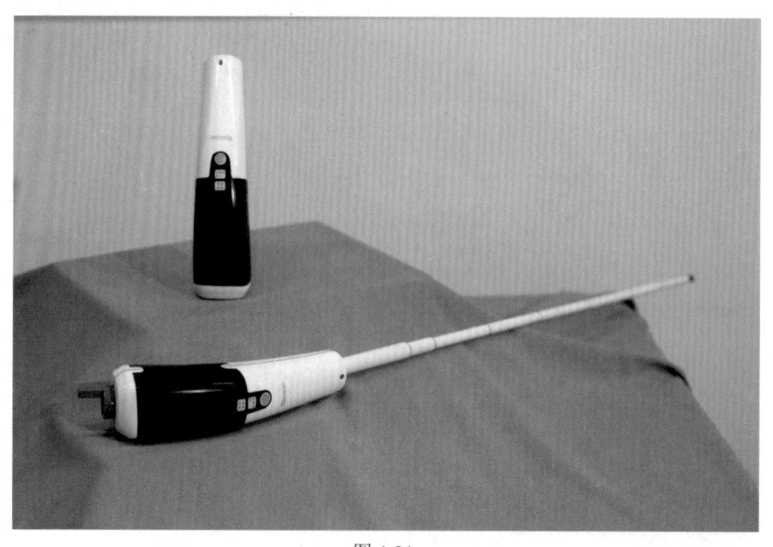

图 1.21

1.3.4　手板样机模型

手板样机模型是指产品批量生产之前的手工产品样机。

手板样机模型是产品模型制作的最高级表现形式，是产品正式投产之前的最后迭代模型。无论是对产品的外部还是内部都应有严格的表现要求，应该完全按照综合改进后的设计指标真实、准确地表达与制作，目的是为产品正式批量生产之前提供综合验证设计的依据。

利用手板样机模型可进行生产前期各项设计指标的综合测试与评定，例如标准化审查与审核、产品工艺路线确定、材料消耗工艺定额核定、工艺文件设计、编制等。通过样机模型发现的各种问题还要进行总结，继续修改设计和工艺。样机模型既降低了设计成本，又缩短了生产实验周期。

如图 1.22 所示为电动自行车设计。制作车架时管材的直径、壁厚都是按照实际设计要求进行选用，目的是进行车架的震动实验，以监测车架的疲劳强度；车架护罩通过 3D 打印技术成型，通过对 3D 打印的车架护罩进行模具设计分析等。

如图 1.23 所示为紫外线灯具设计。通过对灯具外部形态的准确表现，当将紫外线灯安装以后用于检测光线照射的角度与面积，通过测试达到照射要求。

图 1.22

图 1.23

1.4　产品模型的成型原则

产品模型的成型与应用要遵循一定的方法和规律，应以快速、经济、实用为基本原则，只有熟练地运用模型材料与模型加工方法，才能够准确实施模型制作过程，准确表达设计内容。

1.4.1　经济性原则

产品模型有自己的成型特征，与产品生产制造有本质区别，产品生产制造是以批量化生产为基础，通过各种生产工艺实现产品的预期，生产要投入很高的成本。

在产品项目设计中，重点工作是研究产品的各项基本设计指标如何通过产品模型真实体现，并借助产品模型验证各种设计指标的可行与否，产品模型主要用于设计表达、实验与测试，由于模型并非是一件最终产品，所以在成型方法上可以不受批量生产方式和正式产品所使用的材料限制，产品模型成型的过程完全可以创造性地运用诸多方式、方法，达到快速成型的目的。

另外，在模型材料的运用方面，应本着既能体现设计意图，也能满足实验要求，又要便于加工的原则，根据设计阶段的要求，合理地运用材料，能有效帮助设计师实现预想目标。

如图 1.24 所示为一款皮具首饰设计。设计之初，用厚纸片制作大量形状，用于形态和连接方式的研究，最后选择满意的设计，以纸样为模板，在真皮上展开布置。

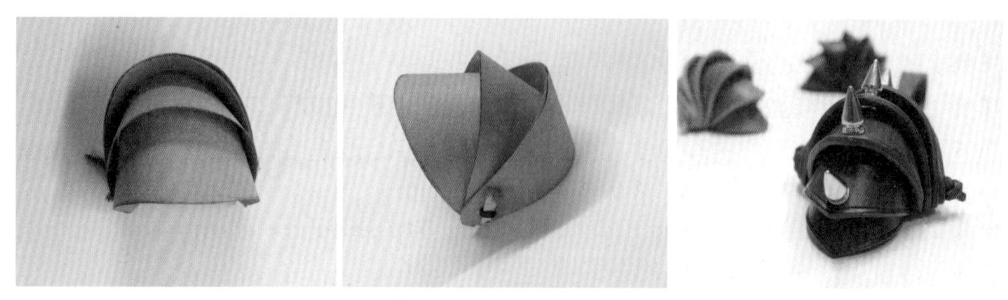

图 1.24

1.4.2 便捷性原则

一般情况下，在设计研发阶段，产品模型制作是以手工操作模式为主，借助工具设备完成模型加工过程。手工制作过程具有诸多优势：受加工条件制约小，可以采取灵活有效的方式进行加工制作；成型速度快，能够满足设计中不断变化的要求；在合理使用模型材料的基础上能有效降低前期设计研发成本，更为重要的是通过手工制作方式可以更加便捷、快速地开发早期的设计想法，不断拓展新的设计思路。

因此，设计阶段采用手工方式进行模型制作是比较经济、实用的模型制作方式，被设计师广泛采用。

如图 1.25 所示为遥控器方案设计。为尽快表达设计构思，使用易加工的聚氨酯硬质发泡材料，采用手工加工方式快速表达设计内容。

图 1.25

1.4.3 目的性原则

设计过程中需要不断地进行模型制作，用来表达设计的方方面面，而各方面的内容都需要在正式生产之前进行实验与测试，在设计阶段想通过一个产品模型表现全部内容是不可能的。为合理发挥产品模型的作用，充分体现产品模型在设计中的价值，制作前要明确把握产品模型在各设计阶段所要研究的内容以及想要达到的预期目标，合理使用材料及加工方法，使模型有效地发挥实验、测试、验证的作用。

另外，随着设计的不断深化与完善，在产品批量化生产的前期，可以继续通过产品模型制作方式，制作产品各个部件的标准原型用于最后的测试，以最大限度降低生产成本投入，为批量生产做好前期准备。

例如，在研究产品零部件之间的连接结构时，只需要使用替代材料按设计构思把连接原理体现出来即可。

如图 1.26 所示为一款插接式灯具设计。在研究插片之间的插接时，使用硬卡纸进行插接机构实验，以获取最佳的插接结构和照明效果，当继续需要验证连接部位的强度时可换用真实材料进行测试。

图 1.26

再如，为真实体现材料应用效果及安全性测试，在手板样机模型制作过程中直接使用未来产品所需的材料。

如图 1.27 所示为新中式座椅设计，目的是验证材料应用所体现出的形式美感、对金属材料的强度进行测试。

图 1.27

又如，只需要对产品进行宣传、推广，那么可以重点对产品的外观设计内容进行精细制作，可以忽略产品的内部表现，甚至可以做成实心的模型。

如图 1.28 所示为煎蛋器设计，制作的目的就是进行产品的宣传与推广，所以在外观制作方面尽量真实显示未来产品的真实面貌。

图 1.28

所以，合理运用产品模型的成型原则，将有助于设计师充分发挥创意性思维，减少不必要的设计失误，通过产品模型不断完善设计，为最终生产做好前期准备。

1.5 本章作业

思考题

1. 产品模型相关概念解读。
2. 产品模型的意义与作用。
3. 产品模型的种类与用途。
4. 对模型制作的本质有何理解?

《第 2 章》

产品模型制作材料的选择与应用

材料是人类赖以生存和发展的物质基础，由材料制成的产品小到一根针、大到一件交通工具，都与人类生产、生活密切相关，已经充实到人类社会的方方面面。

由于现有的材料多种多样，分类方法也就没有一个统一的标准。一般按物理、化学属性来分，可分为金属材料、无机非金属材料、有机高分子材料和不同类型材料所组成的复合材料。在这四大种类的材料中，可用于产品模型制作的材料种类很多，在制作模型之前，应当充分考虑材料对模型表达设计的影响，应该根据设计的不同阶段选择适合的材料进行制作表现，以满足各设计阶段的设计要求。

另外，随着科学的不断进步，新型材料不断出现，必将会给人类的未来带来更广泛的影响。探索与发现具有非常紧密的联系，仅仅依靠已知材料进行设计应用将限制产品设计开发的潜力，了解材料的现状、类别、性质、应用及发展趋势，试验性地探索新材料及新技术在设计上的应用，对于产品创新性设计也是非常重要的。

2.1　产品模型制作常用材料及特性

很多无机非金属材料、有机高分子材料和复合材料都非常适合模型制作。经常被选择用于模型制作的材料有油泥、石膏粉、纸类、木材类、塑料类、橡胶类等，这些都是制作模型比较理想的材料，由于这些材料的成型性好，塑造性、表现性很强，在制作过程中对加工条件的限制较小，制作速度快，而且材料成本与制作成本相对较低，比较容易完成制作过程，所以被广泛用于产品模型制作中。金属材料又分为有色金属和黑色金属，两种类型的金属材料也经常用于产品模型制作。使用金属材料进行模型制作成本比较高，制作难度较大，但设计中确有实际需要必须使用金属材料，以确保产品的性能指标。

2.1.1　油泥

产品模型专用油泥是一种人工合成材料，主要成分有灰粉、油脂、树脂、硫黄、颜料等。模型专用油泥材料的价格比较高，市场上有专用的模型油泥出售，如图 2.1 所示。

图 2.1

油泥材料的可塑造性极强，黏合性强，具有良好的加工性，可以制作出极其精细的形态；油泥不受水分的影响，不易干裂变形；油泥非常突出的特性是遇热变软，软化温度在 60℃以上，在常温状态下油泥具有一定的硬度与强度，该特性使得加工过程中随时需要一个可以控制温度的热源，特别是在初期的基本形态塑造阶段，需要材料保持一定的软化温度才能进行正常的操作。油泥材料适于制作交流展示模型、功能实验模型。

2.1.2 石膏粉

石膏是一种含水硫酸钙矿物质，呈无色、半透明、板状的结晶体。未经煅烧处理的石膏称为生石膏，石膏经过煅烧失去部分水分或完全失去水分以后形成白色粉状物，称为半水石膏或熟石膏，用于模型制作的石膏粉是已经脱去水分的无水硫酸钙。石膏价格便宜，市场有售，如图 2.2 所示。

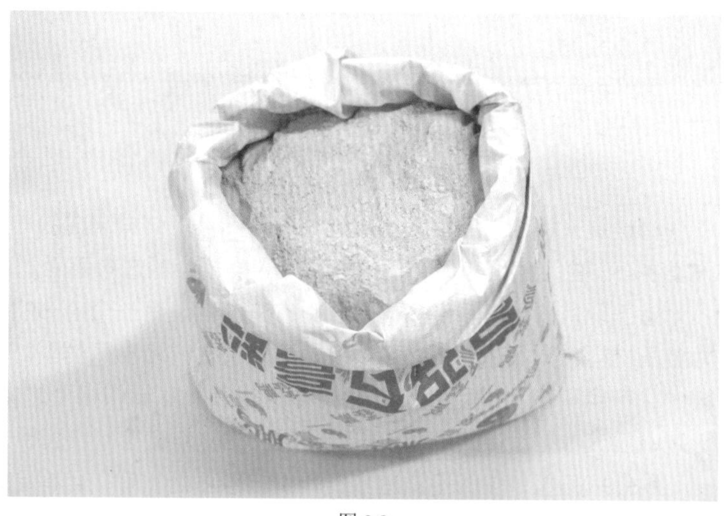

图 2.2

石膏粉质地比较细腻，是一种非常理想的模型制作材料。石膏粉与水融合发生化学反应凝固成型，在石膏溶液凝固之前具有比较好的流动性，可以借助模具浇注出各种各样的形状；凝固后的石膏具有很好的硬度与强度，易于刮削、打磨，既可以塑造产品形态，也可以制作压型模具或者是胎具。

使用石膏制作的模型，可长期保存。石膏适于制作标准原型、交流展示模型。

2.1.3 纸类

造纸术是中国古代四大发明之一，它给中国古代文化的繁荣提供了物质和技术的基础，大大地促进了文化的传播与发展，纸也随着丝绸之路逐渐走向世界。

纸是以植物纤维为原料，经不同加工方法制得的纤维状物质，现在已被广泛应用于人们的生活和工作中。纸的种类繁多，如果按用途可分为包装用纸、印刷用纸、工业用纸、生活用纸、办公用纸、特种纸等。

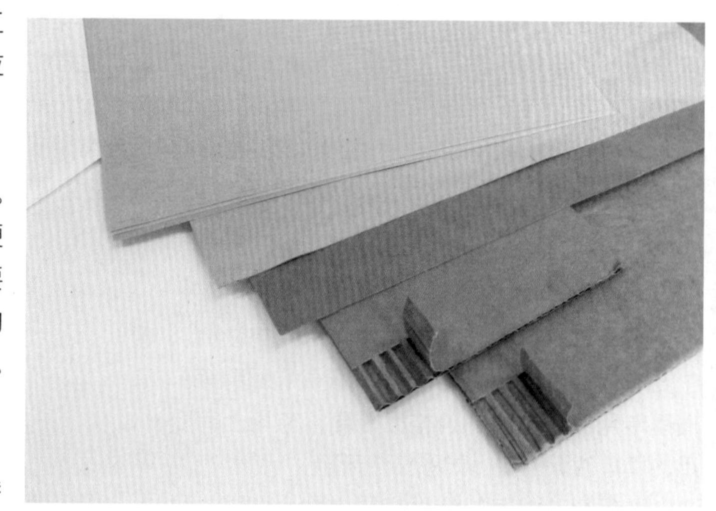

图 2.3

纸质轻，具有一定的强度与韧性，便于加工、操作，用于模型制作的纸张主要是箱板纸和板纸，箱板纸具有一定支撑的强度，板纸具有一定的厚度，硬度比较大。箱板纸和板纸价格比较便宜，市场有售，如图 2.3 所示。

在产品模型制作中，经常将纸作为替代材料，可以快速表达设计构思，主要用于设计初期构建产品基本形态、模拟运动方式、表现结构设计等。

2.1.4 塑料类

塑料是由合成树脂及助剂（助剂又称添加剂）构成。树脂是指尚未和各种添加剂混合的高分子化合物，树脂这一名词最初是由动植物分泌出的脂质而得名，如松香、虫胶等；助剂(或称添加剂)主要是填料、增塑剂、稳定剂、润滑剂、色料等。组成塑料的主要成分是树脂，经过化学手段进行人工合成而被称为塑料。

树脂的种类繁多，如果按照合成树脂是否具有可重复加工性能对其进行分类，可将合成树脂分为热塑性树脂和热固性树脂两大类。

1. 聚氨酯硬质发泡材料

聚氨酯材料是聚氨基甲酸酯的简称，它是一种高分子材料。聚氨酯是一种新兴的有机高分子材料，被誉为“第五大塑料”，加入不同的添加剂聚合后形成不同的种类与用途，可有泡沫塑料(软、硬、半硬)、弹性体、氨纶、胶黏剂、涂料、油漆等多种存在形态。因其卓越的性能而被广泛应用于众多工业领域。产品应用领域涉及轻工、化工、电子、纺织、医疗、建筑、建材、汽车、国防、航天、航空等。

在产品模型制作中，经常使用聚氨酯硬质发泡材料进行快速表达，该材料具有一定的硬度和强度，加工操作时简单、方便，市场有售，如图 2.4 所示。

图 2.4

2. 热塑性塑料

热塑性塑料如聚乙烯、聚丙烯、聚氯乙烯等，在加工成型过程中一般只发生熔融、溶解、塑化、凝固等物理变化，可以多次加工或回收，具有可重复加工性能。

热塑性塑料质轻，常温情况下的弹性、韧性、强度也比较高；热塑性塑料的物理延伸率较大，具有良好的模塑性能，制作曲面形态的时候需要事先制作压型模具，要求有比较熟练的制作技术；具备机加工性能，可以进行车、铣、钻、磨等加工，通过模塑加工或机加工成型后的模型精致、美观。

手工模型制作中常使用聚甲基丙烯酸甲酯(PMMA 有机玻璃)、丙烯腈－丁二烯－苯乙烯(ABS)、聚氯乙烯(PVC)等热塑性塑料作为模型材料。

手工模型制作所使用的热塑性塑料是半成品制品，主要有板材、管材、棒料等，市场均有销售。如图 2.5 所示为 PMMA、ABS、PVC 等塑料。

图 2.5

3. 热固性树脂

热固性树脂如环氧树脂、酚醛树脂、不饱和聚酯树脂等，在热或固化剂等作用下发生化学反应——交联反应而固化变硬，变成不溶、不熔，无法进行再回收与利用，丧失了可重复加工性。热固性树脂在交联固化过程中是从液态变为固态，需要一定的时间，利用树脂固化之前为液态状这一特性，依靠手工模具、使用裱糊成型或浇注成型的方法可制作出形态复杂的模型。固化反应过程中有热量产生，成型后易出现热收缩现象，固化成型后的硬度比较高。

手工模型制作中常使用环氧树脂、不饱和聚酯树脂作为模型材料。一般市场销售的是桶装，配有固化剂。使用树脂时要提前测算一下用量，当加入固化剂以后，剩余的树脂如果没有用完，一旦固化以后便不可以使用，所以树脂用后要将桶盖拧紧，但不宜长时间保存，尽量一次性使用完毕。

如图 2.6 所示为不饱和聚酯树脂和环氧树脂，适于制作展示模型与样机外壳。热塑性塑料适于制作交流展示模型和手板样机模型。

图 2.6

2.1.5 橡胶类

市场上销售的橡胶种类较多，手工制作硅橡胶模具多以双组分室温硫化硅橡胶为原料。双组分室温硫化硅橡胶是兼具无机和有机性质的高分子弹性材料，呈液态无色透明黏稠状，掺入填料后变为不透明，如图 2.7 所示。

图 2.7

双组分室温硫化硅橡胶加入固化剂后，在室温下经过一段时间自然凝固成型，硅橡胶与固化剂的配比要严格按照重量比进行配制并充分调和。液体硅橡胶凝固前具有良好的流动性，利用这一特性可用“浇注成型”的方法制作硅橡胶模型；硅橡胶凝固以后具有良好的弹性与柔韧性，可以任意弯曲，失去外力作用后能够恢复原状；耐高温、低温，性能良好，可承受很大的温差而不发生形变；耐酸碱性强，对于大多数的酸性或碱性物质有着极好的耐受能力；凝固后的硅橡胶表面还具有良好的不黏性和憎水性；硅橡胶精确复制原型的能力很强，原型表面上各种痕迹都可以清晰地反映出来，使用硅橡胶可以制成模具，能进行批量复制。双组分室温硫化硅橡胶应尽量一次性使用完毕，如需保存应注意密闭放置在阴凉干燥处。

硅橡胶液体比较黏稠，加入固化剂时要充分搅拌均匀，防止固化剂不能充分与硅橡胶融合而导致部分硅橡胶不发生固化反应。由于在搅拌过程中有空气混入，在搅拌均匀以后还要振导容器，将溶液中的气体浮至液面。

2.1.6　木材类

木材是一种自然生长的有机体，种类繁多，分布广泛。木材的使用价值很高，已被广泛应用于人们的日常生产和生活中。

木材是一种非常经典、实用的造型材料。木材质轻，强度、硬度较高，柔韧性好，可塑性强，使用手工和机械操作的方法都可以对其进行深加工，具有良好的加工成型性。由于不同树种的木质、颜色、肌理各不相同，且树木在自然生长过程中逐渐形成了“年轮”，加工过程中沿不同方向切割木材会出现各种美观的色泽与自然纹理，充分反映出木材的自然之美。树木在自然环境中的生长周期比较长，成材率比较低，生长过程中由于内部纤维组织间应力不均，脱水后容易出现裂纹、收缩的现象，吸水受潮后容易出现膨胀、扭曲等变形现象，又由于木材具有易燃性，故存在一定的安全隐患。

用于模型制作的木材种类比较多，主要有松木、椴木、水曲柳、楸木、柞木、红木类等。由于自然生长的原木材料取材率相对比较低，材料的损耗率较大，为了合理利用木材资源，人们充分利用现代科技及加工技术将原木材料进行深加工，由此制成多种类型的半成品材料，使自然原木的利用率大为提升，通过加工处理不但保留了原木的自然特征，也改变了自然原木的天然缺陷，既节约了原材料，也方便了使用。

手工方法制作木模型使用的材料基本上是半成品材料。市场上销售的半成品材料种类、规格比较齐全，如已加工成各种规格的实木线材、实木板材以及人工合成的细木工板、胶合板、纤维板、刨花板等人造板材，均可以用于木模型制作，如图 2.8 所示。

图 2.8

木材可用于制作展示模型、手板样机模型或功能实验模型。

2.1.7 金属类

金属材料是采用天然金属矿物原料，如铁矿石、铝土矿、黄铜矿等，经冶炼而成。现代工业习惯把金属分为黑色金属和有色金属两大类，铁、铬、锰3种属于黑色金属，我们非常熟悉的钢铁属于黑色金属，在人类的生产和生活中铁和钢的使用量要占到金属材料的90%以上，在金属材料中适当加入一些微量元素，可以使金属材料产生特殊的性能。其余的所有金属都属于有色金属，如铜、铝、金等。

常用的金属材料具有良好的硬度、刚度、强度、韧性、弹性等物理特性，金属材料的机械加工性能良好，经过物理加工或化学方法处理的金属表面能给人以强烈的加工技术美和自身的材质美感。

选用金属材料进行模型制作，虽然能够获得理想的质量，但制作难度相对比较大，成本也比较高，需要专用加工设备经过多道加工工序才能成型。

市场供应状态下的半成品金属材料有各种规格、形状的板材、管材、棒材、线材、金属丝网等，可以直接作为模型制作材料，如图2.9所示。

金属材料常用于功能实验模型、交流展示模型及手板样机模型的制作。

上述介绍了几种常用的材料，当然用于模型制作的材料还有很多，多尝试、多使用其他材料，并熟练掌握材料的特性及加工工艺，能充分发挥模型制作在设计中的作用。

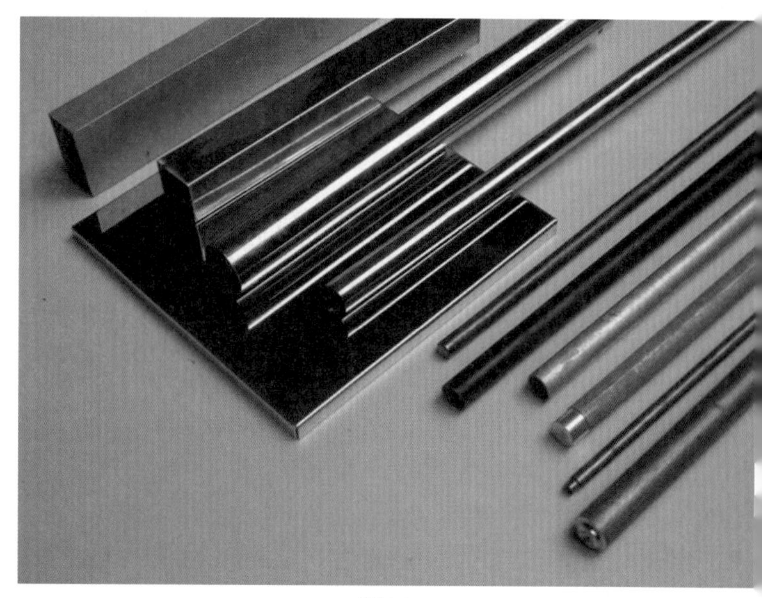

图 2.9

2.2 产品模型制作材料的应用

产品设计是在不断变化、改进与调整的过程中逐渐完成，这就要求被选用的材料既要体现设计内容，还要方便加工，以适应不断变化的设计要求。产品模型材料的选用应充分考虑材料的适用性与易成型性，根据产品设计的不同表现阶段及特殊表现要求采用合适的材料加以应用。早期的模型用于快速形象化概念，尽量选用低密度、易加工的材料，后期的模型越来越接近实际产品，使用高密度材料的概率比较高。当然，根据模型所要表达的设计内容还要以灵活多样的方式综合、合理使用材料，最大限度发挥材料自身的作用。

下面简要介绍一下不同种类的模型经常使用的材料。

2.2.1 概念构思模型的常用材料

概念构思模型主要用于初期的概念表达，制作的目的首先是尽快将概念形象化、立体化，将早期设想的产品形态、结构、功能等基本构思内容展现出来；又由于在概念初期有很多设想，需要及时将这些设想快速表达出来，用于表达和记录概念内容，进行分析、比较；通过快速迭代，拓展和引发设计师提出更具创新性的概念联想。

概念构思模型不必拘泥于精细度的体现，通常使用成型速度快、便于加工、易于表达的材料，如聚氨酯硬质发泡材料、纸材、聚苯乙烯泡沫板等低密度材料，使用此类材料已经足以用作初期设计概念的表达。

如图 2.10 所示为遥控器设计。为体现设计初期的许多概念构想，此阶段使用易加工的材料可以大量构建概念构思模型，目的是及时、快速地把初期的设计概念表达出来，将初始的概念进行拓展与延伸，同时也为设计师提供分析、对比和探讨的依据，在此过程中往往能够激发设计师的联想，甚至能够引发初始概念的新突破，实现创新性的新概念产生。

如图 2.11 所示为插接式灯具设计。直接使用箱板纸来概括表达灯具的形态、结构及灯光效果等设计内容。

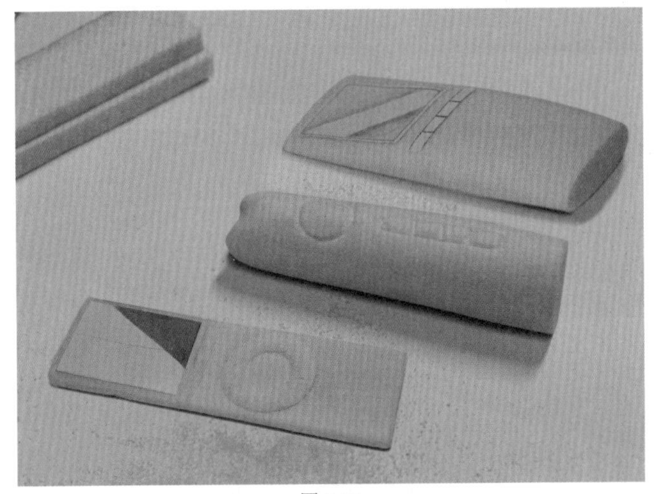

图 2.10

图 2.11

2.2.2　功能实验模型的常用材料

功能实验模型应具备实验与测试要求，在满足产品形态、结构、功能、性能等实验内容与测试条件的基础上可以恰当选用材料。

如图 2.12 所示为汽车座椅头枕冲击强度实验。头枕与椅背插接结合部位使用实际应用材料进行试验，通过重锤下落冲击试验，才能正确判定支撑头枕的钢架机构是否符合冲击强度要求，如果用替代材料进行实验，会由于获取的数据不准确造成潜在的安全隐患，功能实验模型也就失去了自身的作用。

图 2.12

如图 2.13 所示为进行风洞实验。由于使用油泥材料制作的模型完全可以满足风洞实验要求，没有必要使用未来产品所用的真实材料进行测试。功能实验模型只要具备实验条件，应采用容易加工的材料进行模型制作，既提高了制作效率，也减少了不必要的投入。

图 2.13

如图 2.14 所示为一个尺度分析模型，用于研究产品的尺度与使用关系。为了快速表达产品的实际尺寸与各局部形态之间的比例关系，完全可以使用箱板纸等具有一定支撑强度的软性材料进行设计表达，通过对预想尺寸的展现，进行实际体验，在此基础上继续深入分析与研究。

图 2.14

2.2.3 交流展示模型的常用材料

交流展示模型以体现产品的外观设计内容为主，重点表达产品的外观形态以及外观色彩、肌理、质感等效果，局部形态之间的结合关系表现也要清晰地刻画出来，产品的内部设计可以不作为重点表达。由于展示模型具有交流、展示、宣传推广的作用，所以根据展示环境和展示要求不同，可以灵活选用材料。

交流展示模型面对三类人群，即设计师、客户和用户。设计师制作交流展示模型的意图是重在分析、研究与设计交流，模型材料尽量选用易于加工操作的材料，例如使用聚氨酯硬质发泡材料、油泥、纸类材料等；客户需要的交流展示模型主要用于产品的宣传与推广，无论使用何种材料替代只要能够真实表现产品的外观形象便达到了目的；面对用户的交流展示模型可能会有互动需求，所以最好选用强度高、硬度好的材料，例如塑料类、木材类、金属类或 3D 打印成型等，这样能给用户更真实的体验感。

为充分表现产品的外部特征，设计师还需要对表面处理技术有比较深入的了解，通过物理和化学等处理方法，可以获得很好的外部设计预期效果。

如图 2.15 所示为儿童餐具设计。设计的目的是增强儿童左右手的协调能力，此交流展示模型的制作是在使用方式研究的基础上最后确定的产品形态。为了发挥模型与用户的互动效果，采用 3D 快速打印技术成型并做表面处理，模型具有真实的展示效果。

如图 2.16 所示为调味瓶设计。取自三个和尚的典故，生动有趣，模型采用木质材料，由于主要进行外观设计表达，内部形状可以忽略处理。

图 2.15

图 2.16

2.2.4 手板样机模型的常用材料

手板样机模型主要用于生产前期各项设计指标的综合验证与评定，通过样机模型进行标准化审查、生产工艺路线确定、材料成本核算、工艺文件的设计与编制等，通过实际测评反馈指标内容，继而调整设计及工艺，为批量生产做好最后准备。

在材料的选用上，一般情况下采用满足测试要求的材料，如塑料、金属、木材等，但并不强调与正式批量生产所用的材料完全一样。

如图 2.17 所示为一款户外垃圾箱设计。产品的外观材料预期是金属壳体，但模型制作时完全可以采用硬质塑料进行替代，而没有必要使用金属材料，因为箱体不需要进行抗压、抗弯、挤压等强度试验，只是通过模型进行生产工艺流程制定及材料成本核算等，如果使用相同规格的硬质塑料替代金属材料并在表面进行涂饰，看起来也具有非常真实的感觉，但大大降低了制作难度。

如图 2.18 所示为一款水具设计。由于产品预期材料为玻璃，经综合考虑，直接使用玻璃材料进行制作，一是测试玻璃软化后能否在模具中吹制成预期设计的形状，二是可直接验证玻璃把手的受力情况，三是直接作为样机模型展示产品最终效果。使用真实材料进行制作，最大限度地同时满足了多项设计内容的验证与测试需求。

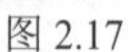

图 2.17

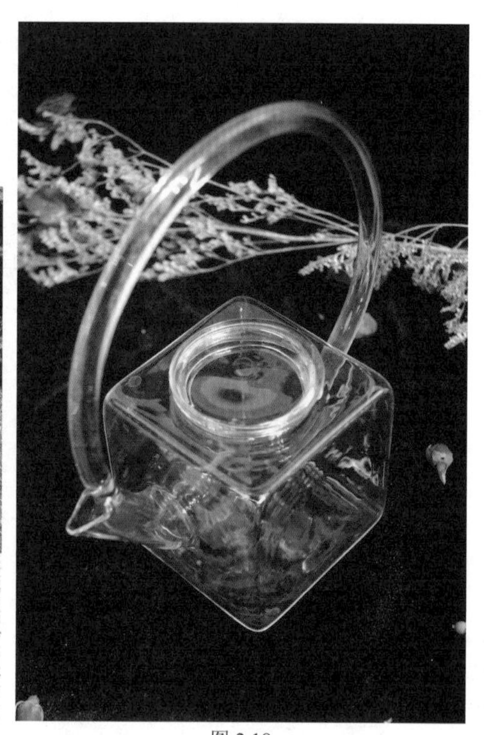

图 2.18

2.2.5 不同设计阶段使用不同材料制作不同种类的模型案例

下面以图 2.19 所示的电动助力车的电池盒设计为案例，简要介绍一下在不同的设计阶段使用合适的材料及不同种类的模型用于表达设计内容。

图 2.19

设计之初，针对电池盒与车架的位置要求、盒内电池组与控制器等器件的安放要求等内容进行综合构思，重点解决装配问题以及充电方式等问题。

此阶段主要是将初期设计概念、想法以三维形态快速、概括表达出来，要尽量多做一些模型，表达各种构思，用于设计概念的延伸与拓展。使用聚氨酯发泡材料进行制作，可以快速表达出产品的基本形态以及各零部件之间的基本连接关系，如图 2.20 所示。

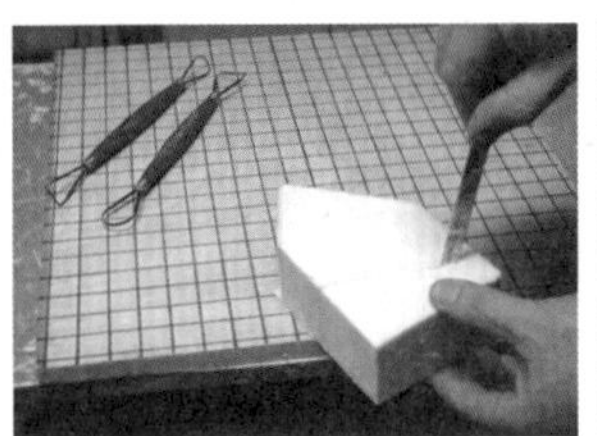

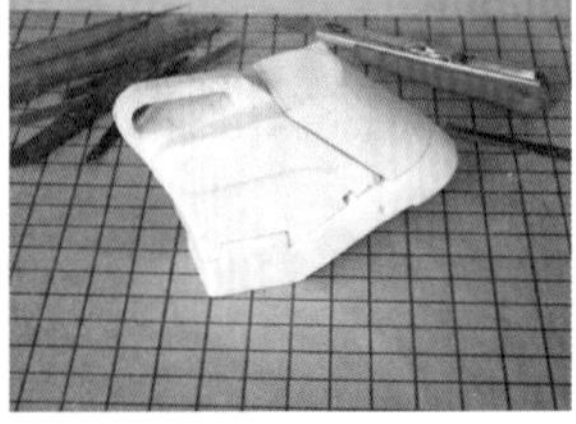

图 2.20

为确保电池盒与车架结构有效配合，同时要满足电池盒自身形态的使用变化要求，需要对形态设计认真推敲，此时需要制作比例为 1 ∶ 1 的功能实验模型，用于准确表达电池盒外部形态设计，通过该模型进行尺寸数据采集，也为电池盒的模具设计提供研究的依据。模型制作完成以后，可使用逆向扫描设备建立数字模型，在此基础上可以提高数字模型的建模效率。

此实验模型使用的是油泥材料，使用油泥材料进行制作便于形态的快速塑造，而且表现精细，可以获得准确的形态尺寸，如图 2.21 所示。

外部形态的特征指标通过交流展示模型可快速进行设计表达。为了模拟表现外部效果，在油泥模型表面采用了油泥专用装饰膜进行装饰处理，由于贴膜材料具有制作方便、快速表达、容易体现预期效果的特点，用于仿真表现产品外部的颜色、肌理、连接结构等外部特征，如图 2.22 所示。

样机模型主要用于批量生产之前的各设计指标的数据测试与采集。按设计阶段要求，经过前三个阶段使用不同材料进行模型表达，验证了各阶段的设计内容，同时已经获取了大量的分析数据，在此基础上进行手板样机模型制作。如图 2.19 所示的手板样机模型是经过对油泥模型进行逆向扫描后获得了数字模型，经过 CAD 后期处理，再使用 3D 快速成型打印技术制作而成。

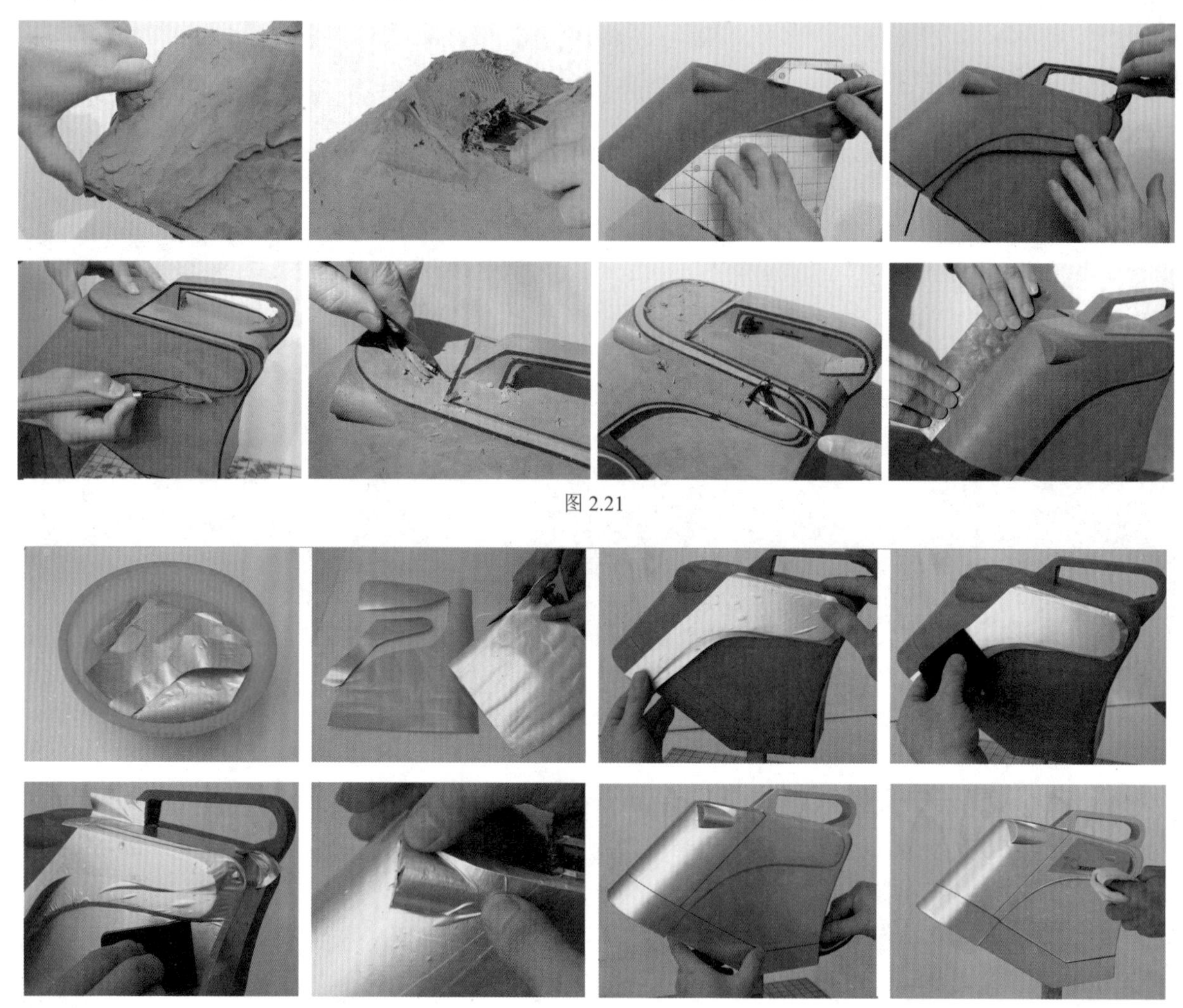

图 2.21

图 2.22

2.3 本章作业

思考题

1. 产品模型常用材料的种类有哪些?
2. 不同种类的产品模型在不同设计阶段发挥什么作用?

实验题

根据书中介绍的模型制作材料，采集不同材料的样板。

《第 3 章》

产品模型制作常用的工具、设备及安全防护

模型制作过程中需要工具、机械设备对材料进行加工，有些材料只需要使用手动工具制作即可，而有些材料则需要电动工具或者机床工具。无论使用手工工具或电动工具进行加工，在材料和工具的使用方面都可能会存在安全隐患问题，例如锋利的工具、强力的电力机械设备、材料加工的粉尘、化学物品的腐蚀、噪声、火灾等，如果没有安全意识可能会对制作者造成伤害，甚至危及生命安全。因此，在模型制作之前要了解材料的特性，防止材料对人造成的伤害，务必学习工具、机械设备的使用方法、操作规程、安全防护措施等内容，电力设备要接受专业指导后进行操作，熟练掌握材料特性和工具的使用方法，既可以有效防止发生安全事故，又能提高模型制作的质量与效率。

下面主要介绍一些模型制作过程中常用的手工工具、机械设备、度量工具的使用方法，操作环境要求和安全防护措施。

3.1 常用的加工工具和设备

3.1.1 裁切类工具

剪刀、美工刀和勾刀，在模型制作中常用于剪切、切割材料等，如图 3.1 所示。

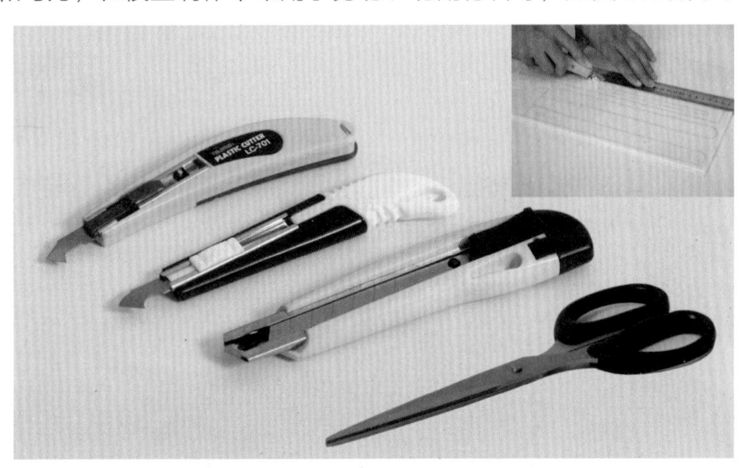

图 3.1

剪刀：剪刀是常用的裁剪工具，可以灵活裁剪各种形状。

美工刀：美工刀用于切割软质材料，如纸类材料、聚苯乙烯泡沫等。

勾刀：利用勾刀尖锐的刀角勾画材料，如在大块的薄塑料板材上取下部分材料时，可使用勾刀进行多次勾画，能快速将塑料板分割开。

3.1.2 锯割类工具和设备

1. 手工锯割工具

用于锯割模型材料，例如切割聚氨酯发泡材料、木材、纸板、塑料等。粗齿的锯割工具适于锯割比较软的材料，细齿的锯割工具更适于锯割硬质材料，如图 3.2 所示。

图 3.2

2. 电动曲线锯

开启电动曲线锯以后，锯条沿上下方向重复移动，可以在材料上快速、灵活地切割出各种曲线。切割过程中会有热量发生，尤其是在切割塑料材料时容易产生高热，切割速度不要太快，防止发生高热使材料与锯条发生粘连而导致安全隐患，如图 3.3 所示。注意不能使用该工具切割金属材料。

图 3.3

3. 电动带锯

电动带锯的锯条是一条封闭的金属锯条，开启电动带锯时锯条沿一个方向高速运动来切割材料，切割时材料的推动速度不宜太快，如图 3.4 所示。

电动带锯用于切割体量较大的软质材料，如木料、塑料等。操作大型电动设备必须有专业人员辅导才能进行。注意不能使用该工具切割金属材料。

4. 电动裁板机

开启机器以后，圆形锯盘高速旋转，推送材料至锯盘时开始进行锯割。裁板机的锯盘可以上下调节，工作台面上有标尺与限位装置，可根据裁切需要进行调整，如图 3.5 所示。

电动裁板机用于切割大型的软质板材，例如塑料板、木板、硬纸板等。

电动裁板机属于大型电力设备，须有专业人员辅导才能进行操作。注意不能使用该设备切割金属材料。

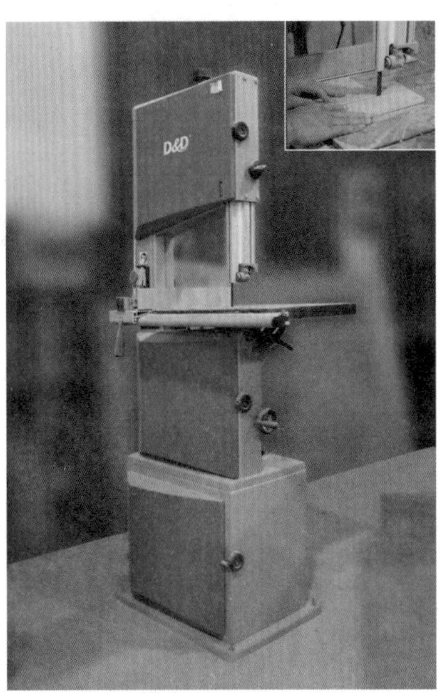

图 3.4

图 3.5

3.1.3　锉削、磨削类工具和设备

1. 锉刀

锉刀上有锉齿，齿的粗细大小不一，粗齿的锉刀比较适合锉削软质材料，细齿的锉刀适合锉削硬质材料，什锦组锉可用于精细锉削材料的轮廓边缘，如图 3.6 所示。通过对模型材料进行锉削加工，可以获取所需的形状。

2. 手持电动打磨机

手持电动打磨机使用时灵活、方便，在打磨机上安装上不同目数的砂纸推动打磨机进行打磨，可以获取光滑、顺畅的表面，如图 3.7 所示。

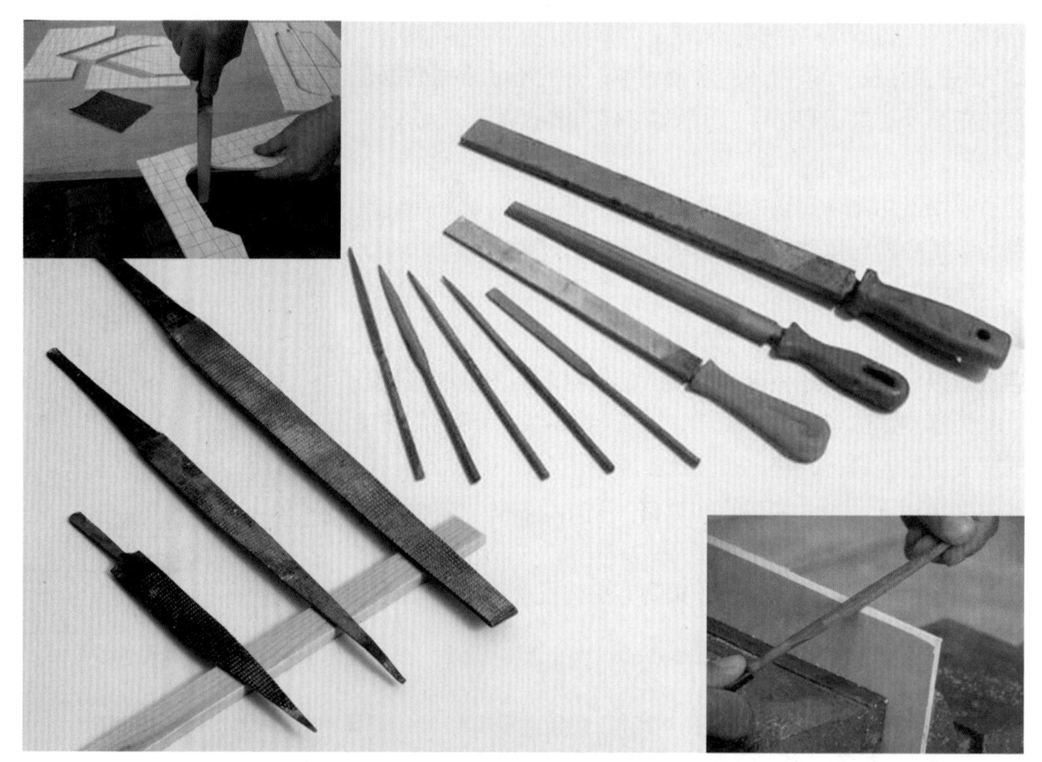

图 3.6

图 3.7

打磨机可以对软质、硬质材料的表面进行打磨处理，大面积打磨时有效提高了工作效率。打磨时不要用力施压打磨机，防止损坏机器。

3. 电动修磨机

电动修磨机有多种形状的修磨头，开启机器后，刀头高速旋转，用于精细修饰材料的边缘形状，也可以在材料表面修饰不同形状的装饰槽等，如图 3.8 所示。

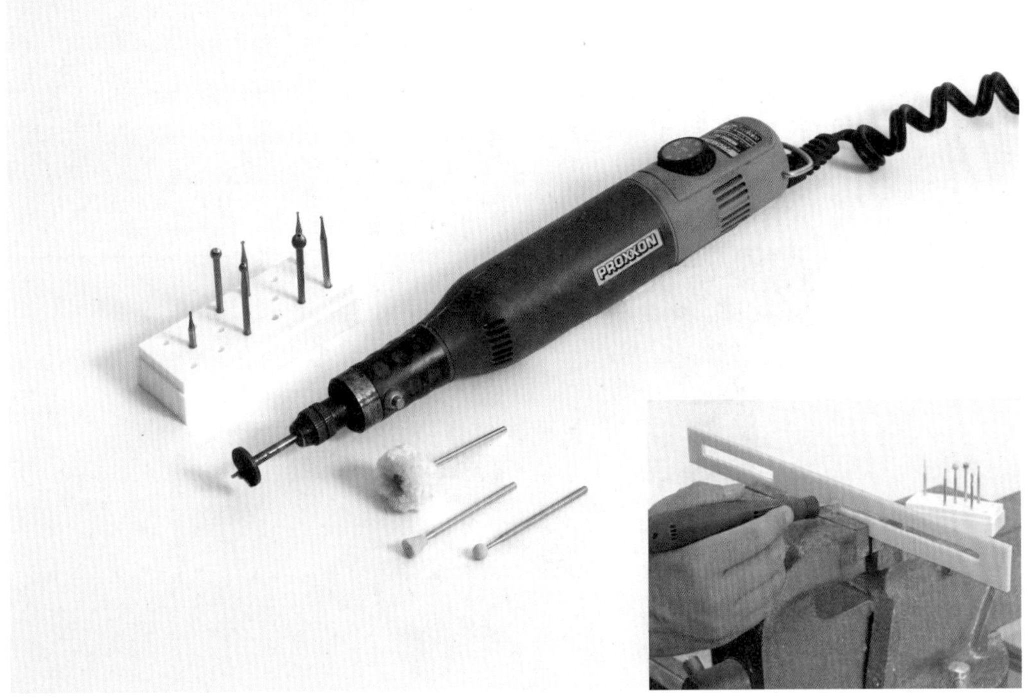

图 3.8

4. 台式电动砂带机

台式电动砂带机可以进行水平和垂直方向的打磨，开启电源后，封闭的砂带环在主轴的带动下沿一个方向运动，适于打磨大平面，打磨时手持材料轻轻与砂带接触，然后再逐渐施加压力，砂盘进行旋转运动，适于打磨边角，如图 3.9 所示。打磨机可以对软质、硬质材料的表面进行打磨处理。

图 3.9

3.1.4 钻削、车削类电动工具和设备

1. 手持电钻

手持电钻可以方便地在材料上进行钻削加工，打出大小不同的孔径，如图 3.10 所示。

操作时不可使用很大的力量压持电钻进行打孔，这样很容易使钻头和材料卡死，容易造成电钻烧毁，甚至扭伤手腕。

图 3.10

2. 钻铣床

钻铣床的主轴连接卡头，卡头上可以夹持钻头、铣刀，如图 3.11 所示。

加工前，用台钳将材料加紧。开启设备时主轴高速旋转，搬动手柄可使主轴上下移动，进行打孔操作。当进行铣槽、铣面、铣边等加工时，先将旋转的铣刀下铣一定深度，但吃刀量一定要小，然后锁定主轴，慢慢转动拖板手柄，使拖板水平线性方向移动，走刀量要小，此时可以在材料上铣出凹槽等形状。

在钻铣床上可以对软质、硬质材料进行加工，也可以对金属材料进行加工。使用钻铣床设备必须有专业人员辅导才能进行操作。

图 3.11

3. 车床

车床的主轴上装有卡盘，加工时将材料夹持在卡盘上，在车床拖板上面有刀架，可以夹持不同形状的车刀，开启车床后卡盘高速旋转，转动刀架手柄车刀与材料接触进行切削加工，利用车床可将材料切削加工成回转体的形状，如图 3.12 所示。

在车床上可以对软质、硬质材料进行加工，也可以对金属材料进行加工。使用车床设备必须有专业人员辅导才能进行操作。

图 3.12

3.1.5　电加热类工具和设备

1. 热风枪

使用热风枪可以对材料进行加热处理，例如局部加热塑料、油泥等，如图 3.13 所示。

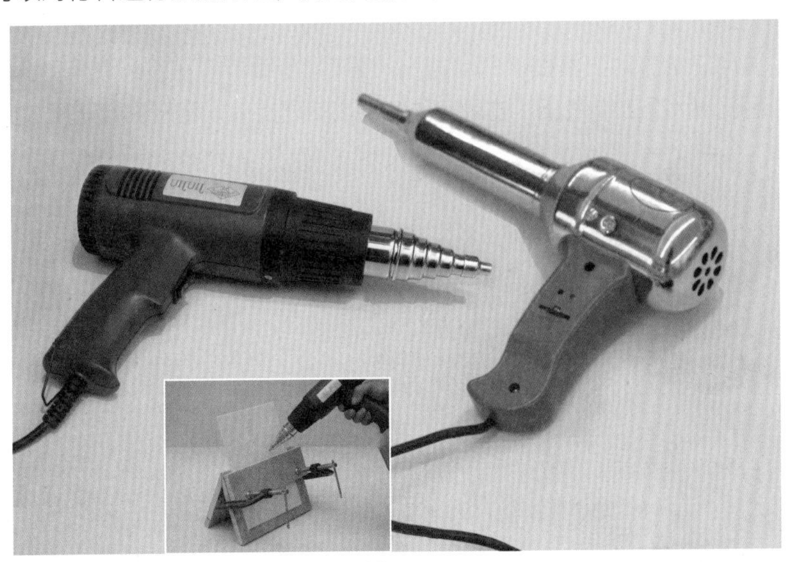

图 3.13

由于在出风口部位有很高的温度，使用时一定要注意不要接触此部位，避免烫伤。使用过程中，手持热风枪在加热部位均匀地来回移动，不要只停留在一个位置。

注意： 出风口部位一定不能搭在电线上面，防止烫化电线塑料护套，从而导致联电发生触电危险。

2. 红外线加热箱

红外线加热箱升温后箱体内会产生很高的热量，用于材料加热、烘干等，如图 3.14 所示。由于内部空间比较大，对体量比较大的材料进行加热时能够使材料均匀受热。注意将材料取出时一定要戴上防护手套，以免烫伤皮肤。

图 3.14

3.1.6 气动工具、设备

1. 空气压缩机（气泵）

空气压缩机主要用于给气动工具提供气动力，如图 3.15 所示。开启电源，空气压缩机开始工作，使储气罐内的气压逐渐增大至工作气压。注意启动气泵之前要提前设定好工作气压数值。

图 3.15

2. 气钉枪

气钉枪需要连接气泵才可以工作，通过气动力将排钉打入材料，如图 3.16 所示。制作木质材料模型时使用气钉枪可以快速将构件连接在一起。

图 3.16

3. 喷枪

喷枪、喷笔需要连接气泵才可以工作，气泵提供气动力将涂料雾化喷涂在材料表面。可通过调节喷嘴的旋钮来控制油漆喷出的面积，喷枪、喷笔上的扳机控制出气量，如图 3.17 所示。

图 3.17

3.1.7 油泥专用工具、设备及辅助材料

油泥加工工具专用于对油泥进行刮削、镂刻、剔槽、切割、压光等处理。市场上有专用油泥加工工具出售，品种、规格齐全，也可根据模型制作要求自行制作一些特殊用途的加工工具。

1. 工业油泥专用加热器

第 2 章中已经介绍过油泥在常温状态下具有一定的硬度与强度，使用油泥制作模型时，先要对油泥加热，油泥遇热变软以后方可进行正常的操作。专用油泥加热器能批量软化油泥，使之全部均匀受热。加热器具有温度控制，一般情况下油泥的软化温度控制在 60℃为宜。如果少量加热油泥，可以购置小型烤箱替代，如图 3.18 所示。注意拿取油泥的时候小心烫伤皮肤。

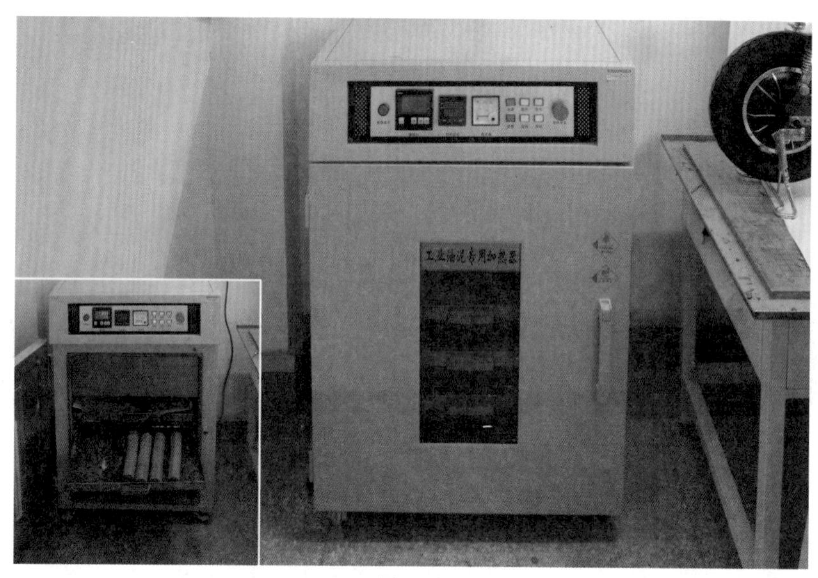

图 3.18

2. 工作台

工作台面带有坐标格，可定位 X、Y 方向的尺寸坐标，台面四周有油泥收纳槽，如图 3.19 所示。

图 3.19

3. 刨刀

刨削类工具用于快速刨削油泥粗糙不平的表面，有平面刨刀和弧面刨刀两种类型，如图 3.20 所示。

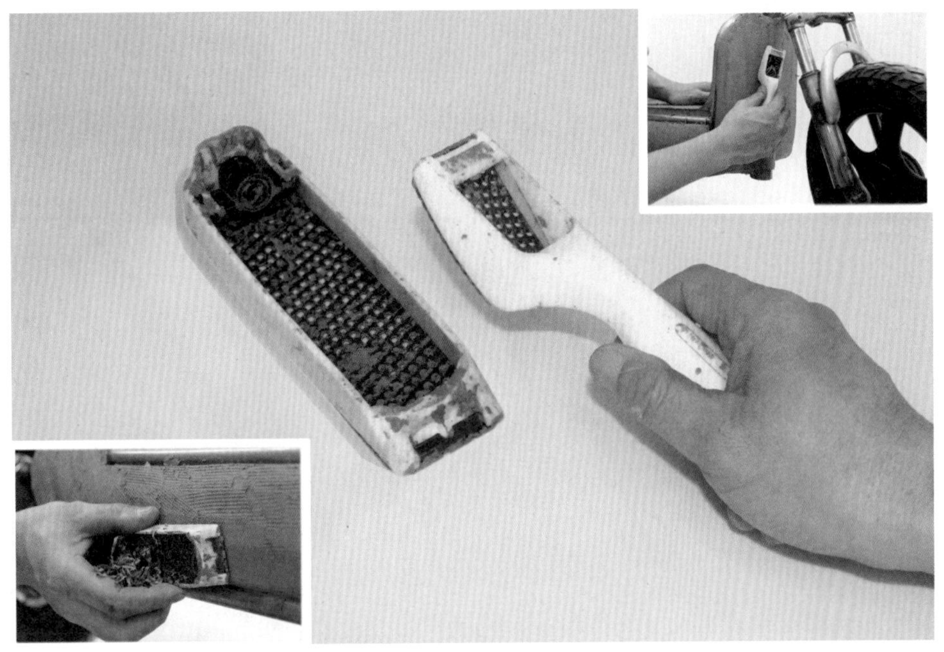

图 3.20

4. 刮刀

刮刀的金属刃口非常锋利，手柄为木质。刃口形状有直线形和弧线形，刃口又分为锯齿口、平口两种，锯齿口刮刀用于大面积粗刮、找平油泥表面，平口刮刀可对油泥表面进行精细加工，如图 3.21 所示。

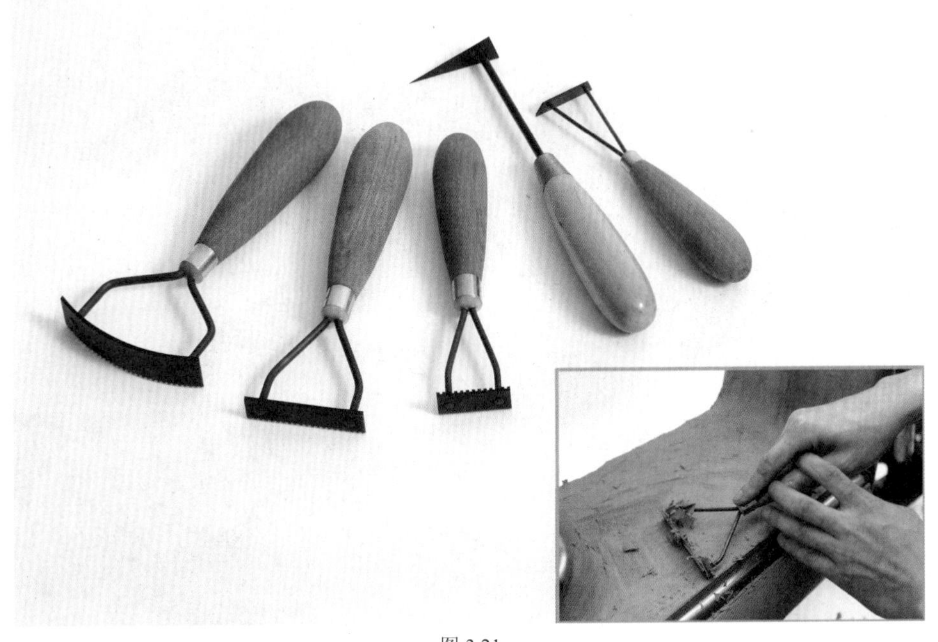

图 3.21

5. 镂刀

镂刀刃口用扁片状金属丝圈合成特定形状，有平口和弧形口，用于镂空形体、切割凹槽，如图 3.22 所示。

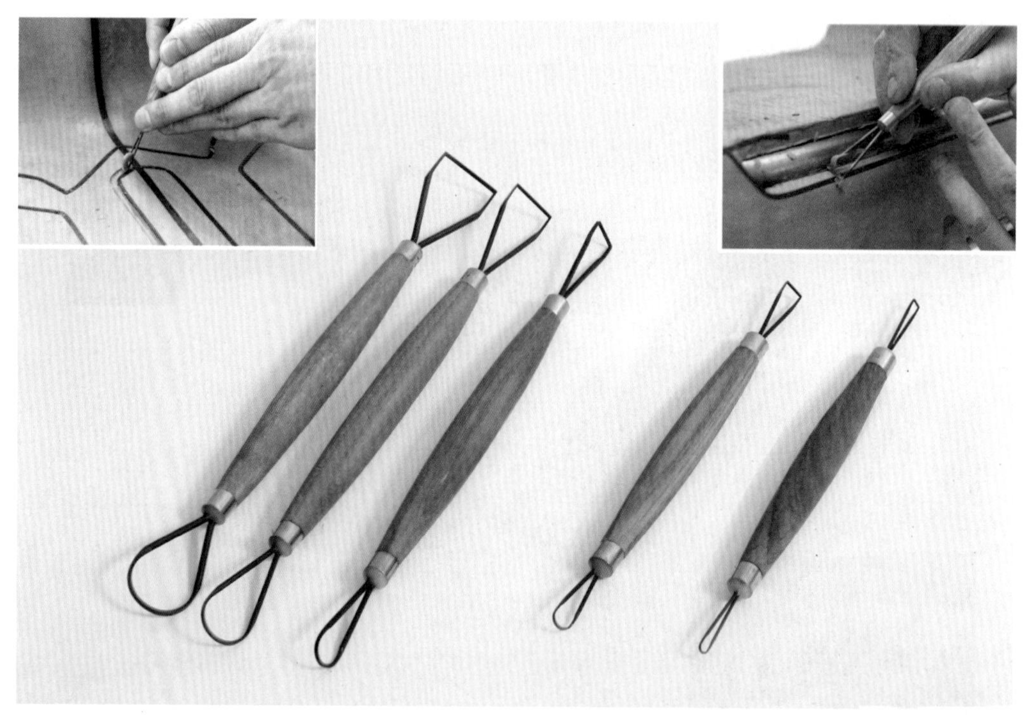

图 3.22

6. 刮片

刮片用富有弹性的金属薄钢板制成，厚度为 0.12 ～ 1.5mm 不等，如图 3.23 所示。刮片可以对油泥表面进行精刮和压光处理，通过刮板使得表面光洁、顺畅，为油泥模型表面装饰打好基础。

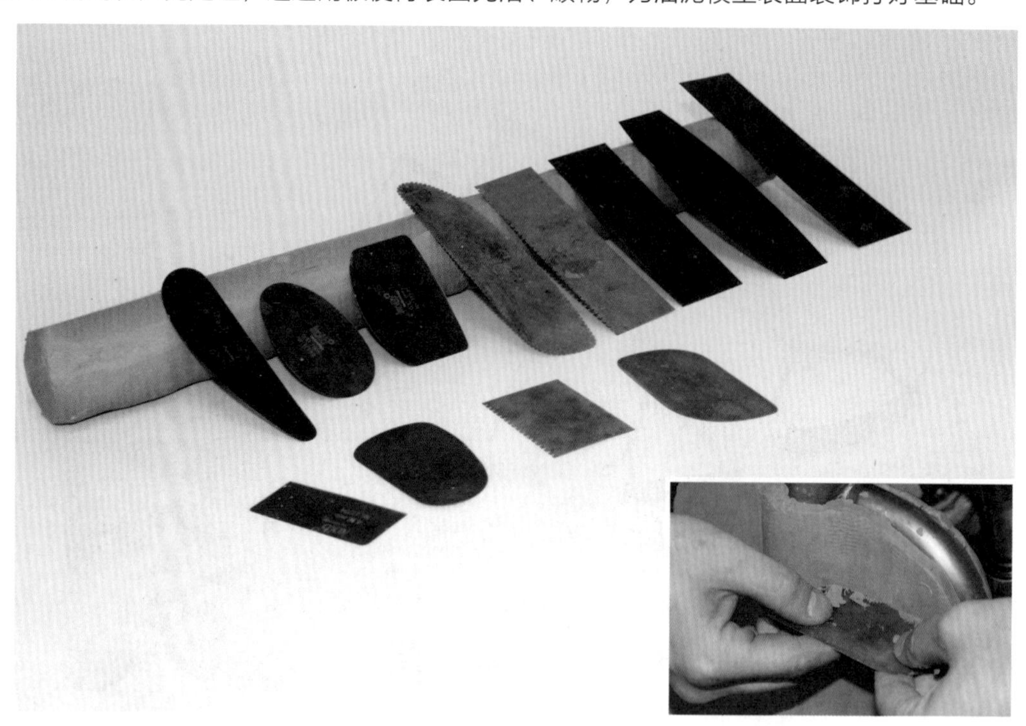

图 3.23

7. 构思胶带

宽窄不一的构思胶带具有黏性，可以直接贴在油泥上并能够随意变化线形走向，如图 3.24 所示。

图 3.24

构思胶带具有两个方面的作用：(1) 通过胶带贴出轮廓线形，能够辅助表达线形变化是否符合设计要求。(2) 线形定位以后，将胶带边缘作为界线进行精确加工。

3.1.8　常用的木工工具

木工工具种类繁多，下面只重点介绍几种常用的手工木工工具。

1. 画线类工具

使用画线类工具可以在木材上画出加工轮廓线的痕迹，如图 3.25 所示。

图 3.25

弹线墨斗：墨斗中有墨水，细线缠绕其中，拉出细线后绷紧细线，可弹出直线。

勒线器：在木料上勒出线形痕迹。

两脚画规：可在工件表面画出圆弧与曲线形状。

2. 锯类工具

锯类工具有拐子锯、手持锯、刀锯等。拐子锯上绷卡的锯条有宽条、细条、粗齿、细齿之分，可以将大木料破开锯割成小木料，切割时比较省力。而手持锯和刀锯使用方便，操作灵活，主要用于锯割薄料板材、掏空、截断木料等，如图 3.26 所示。

图 3.26

3. 刨削类工具

线刨、槽刨、滚刨（燕尾刨）：线刨、槽刨能在木材上沿直线方向刨出不同样式的槽、边角；滚刨可以刨削板材上的曲边。

平刨类：平刨有长平刨、短平刨之分，长平刨用于大面的刨平、长边的刨直，短平刨主要用于局部找平，如图 3.27 所示。

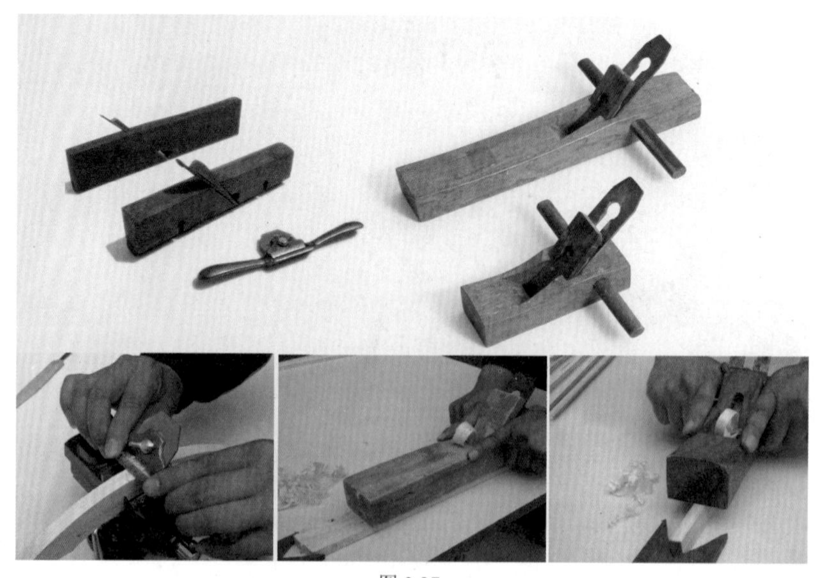

图 3.27

4. 开孔、开槽类工具

开孔类工具有凿、铲、钻几种类型，主要用于在木材上开出不同形状的通孔或盲槽。圆孔可以使用电钻安装不同直径的钻头进行打孔操作，如图 3.28 所示。

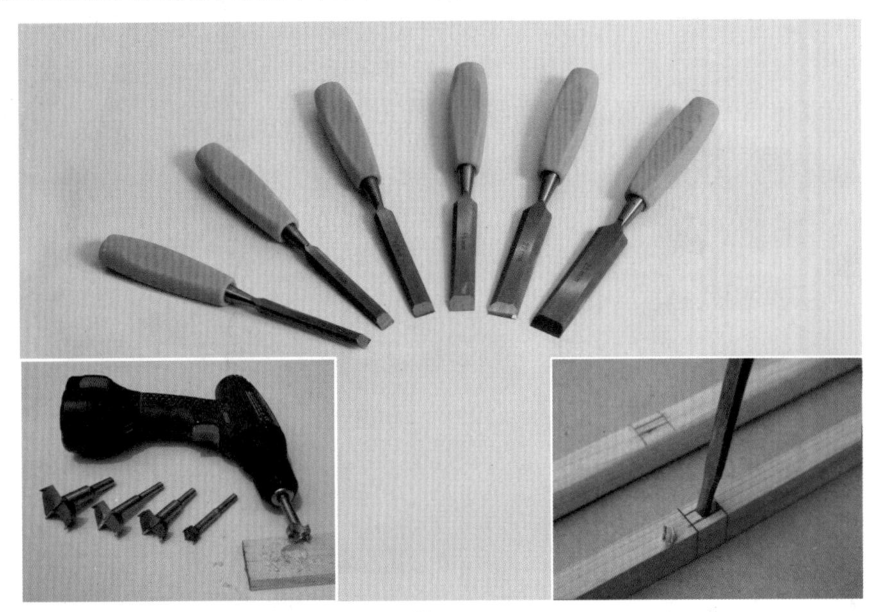

图 3.28

3.1.9　常用的辅助类工具

1. 装配、整形类工具

螺丝刀（旋凿）：用于拧紧螺丝等连接配件等。

尖嘴钳、手夹钳：用于夹断金属丝、拔出金属钉、剪开电线塑料护套等。

羊角榔头、鸭嘴榔头：金属头的榔头用于敲打硬质材料等。

木榔头、木拍板：敲打材料时避免对材料造成硬性损伤。

辅助工具是模型制作中常用的辅助加工工具，用于辅助完成制作过程，应了解工具的用途及使用方法，如图 3.29 所示。

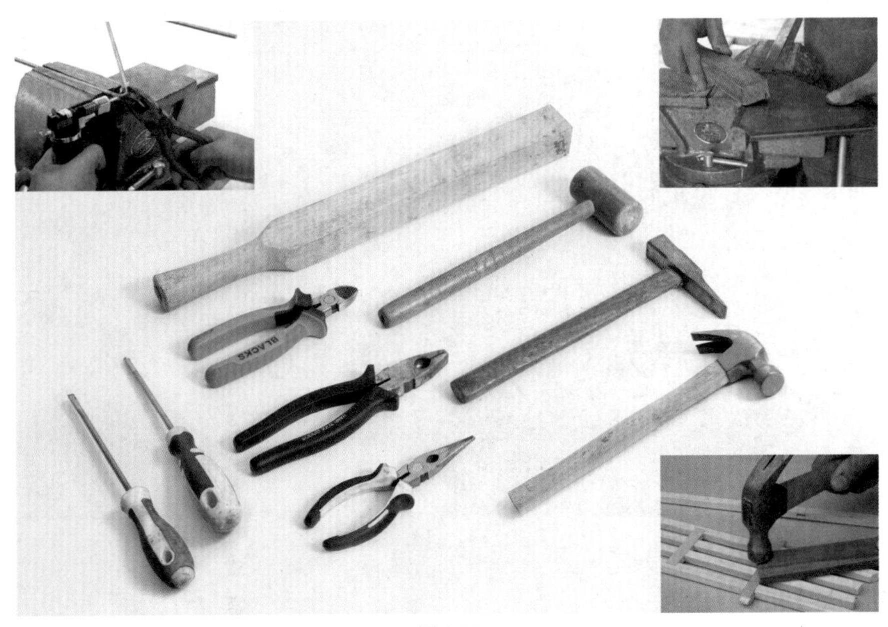

图 3.29

2. 热熔枪及胶棒

通电后热熔枪将胶棒熔化，用于黏结模型零部件和密封接口等用途，如图 3.30 所示。

通电后热熔枪的头部会产生高热，使用时要小心，不要烫伤皮肤。注意高热的金属枪头一定不能搭在电线上面，防止烫化电线塑料护套，从而导致联电发生触电危险。

图 3.30

3. 夹持类工具

1) 台钳

台钳是常用的夹紧、夹持工具，将材料放置于钳口之间，转动手柄可以牢固地将材料夹持于台钳上，如图 3.31 所示。

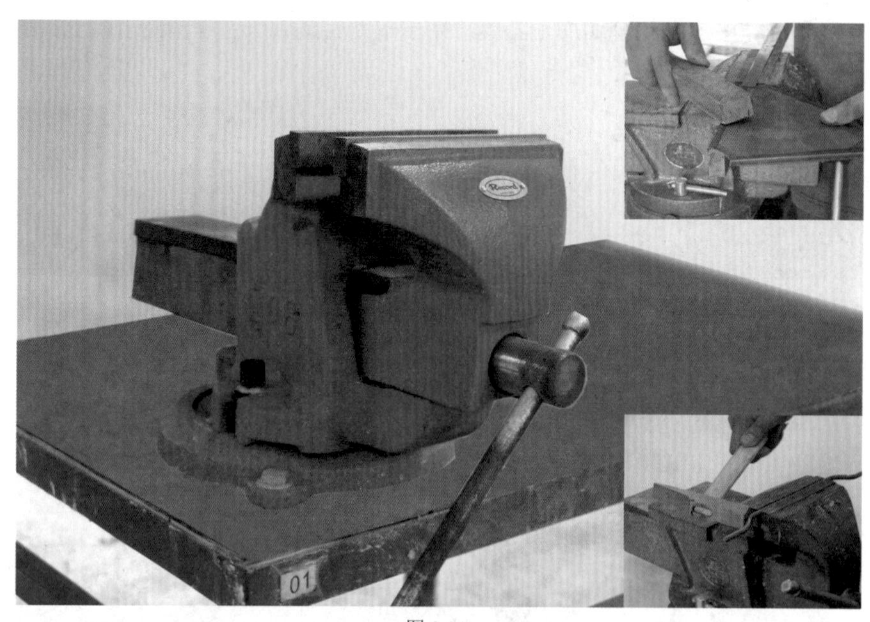

图 3.31

2) 夹紧器

夹紧器可以灵活、方便地将材料夹紧，便于稳固模型的零部件进行操作。使用时旋动下面的扳手，可以调节夹紧距离，如图 3.32 所示。

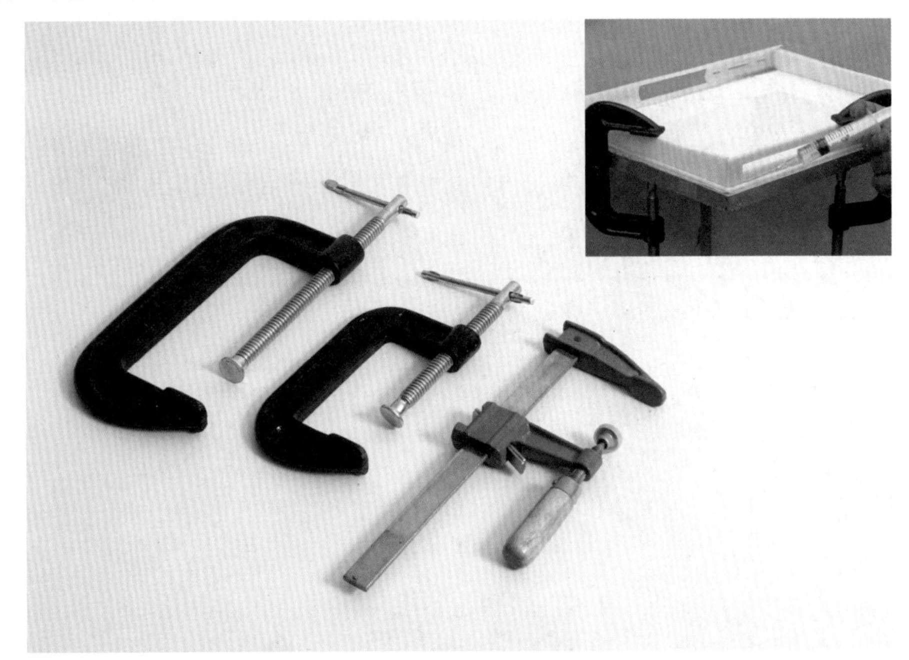

图 3.32

4. 电子秤

使用电子秤可以准确称量物体重量。例如使用硅橡胶时，橡胶和固化剂的重量需要严格地配比，配比不准确会导致胶体过快凝固或凝固不彻底，如图 3.33 所示。

图 3.33

5. 塑料盆、防护手套

塑料盆用于调和石膏溶液等。在处理具有伤害性的材料和使用化学物质的时候，需要佩戴乳胶、丁腈、氯丁橡胶等材质的手套。使用手套之前，仔细检查是否有裂缝，使用之后应及时清洗或妥善弃之处理。

注意使用电力转动设备加工时不要戴手套，高速转动的刃具极易将手套缠绕，会造成手部的伤害。如图 3.34 为塑料盆和防护手套。

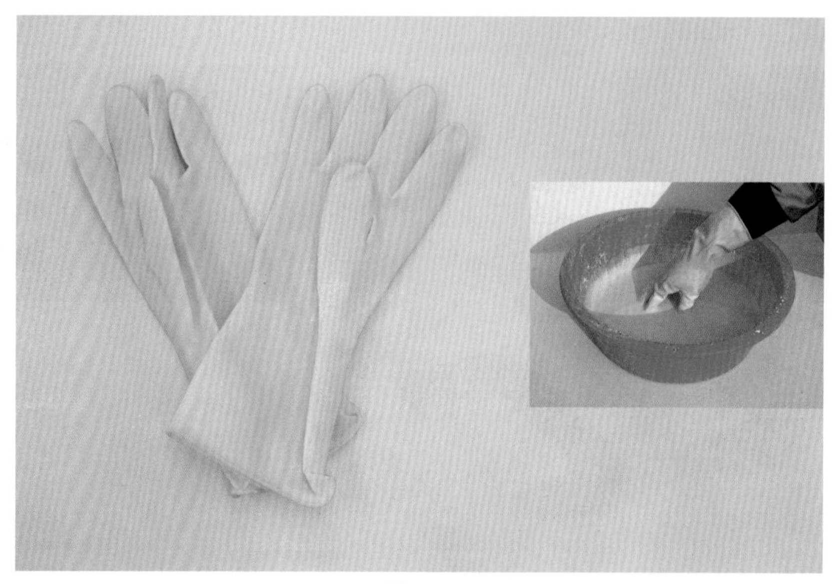

图 3.34

3.1.10 常用的度量、画线工具

在加工过程中，度量、画线工具用于测量、复核加工尺寸及界定、标记模型各部位的形状、尺寸，如图 3.35 所示。

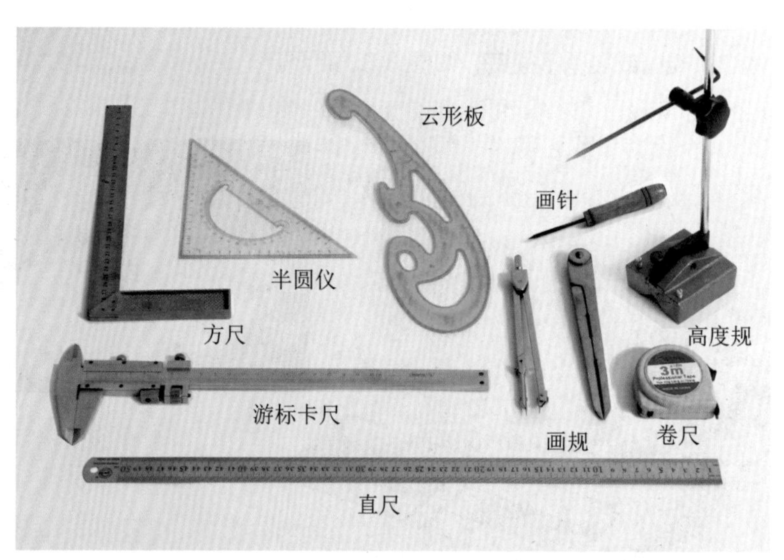

图 3.35

直尺：度量长度、界定尺寸、辅助画线等。

游标卡尺：测量外径、内径、厚度尺寸，测量孔径的深度等。

方尺：测量垂直角度，画出垂直线形。

半圆仪：测量 180° 以内的角度，绘制角度线。

云形板：云形板有多种弧度的边缘，可以辅助画出曲线形状。

卷尺：测量和界定比较长的尺寸。

画规：画出弧度和曲线形状。

高度规：在高度方向上画出线形。

画针：在硬质材料上画出线形痕迹。

3.2　常用的辅助加工工具及材料

1. 毛刷、砂纸、白凡士林

毛刷：用于清扫灰尘，刷涂油漆、涂料等。

砂纸：用于打磨材料表面，砂纸的目数大小决定模型表面的光滑、细腻程度。

白凡士林：可以作为脱模剂使用，石膏模型制作中常使用白凡士林作为脱模剂。

如图 3.36 所示分别为毛刷、砂纸和白凡士林。

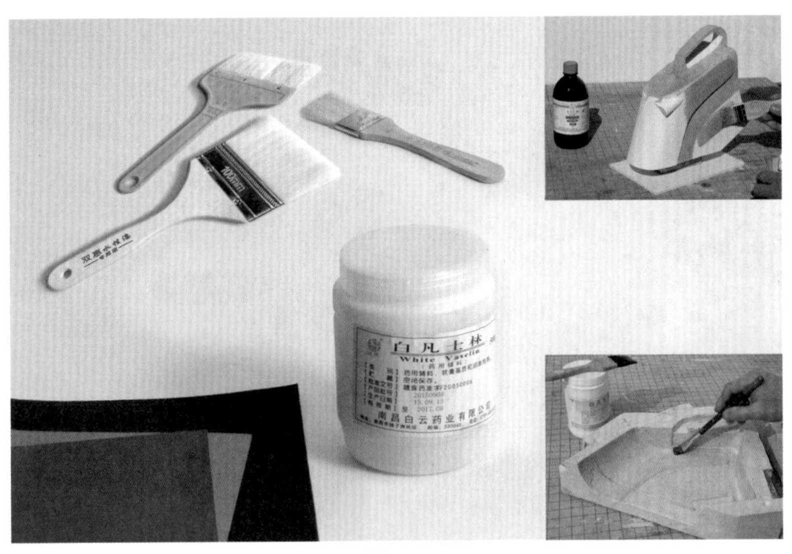

图 3.36

2. 原子灰、固化剂

原子灰俗称腻子，又称不饱和聚酯树脂腻子，是嵌填材料，在模型制作中常使用该材料填充材料表面的凹陷、裂缝，能很好地附着在物体表面，干燥后不产生裂纹。使用时参看使用说明，需按比例将固化剂与原子灰进行调和，方能使原子灰固化，固化后可使用水砂纸进行打磨，如图 3.37 所示。原子灰的气味刺鼻，使用时应戴上防护口罩。

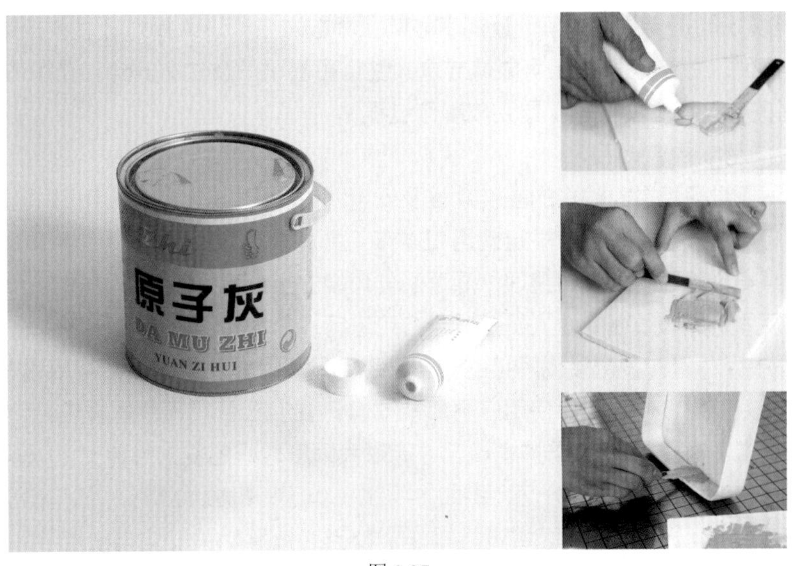

图 3.37

3. 黏合剂

黏合剂是模型制作中常用的黏合材料，其种类繁多，使用时要根据不同的材料选用合适的黏合剂，如图 3.38 所示。有些黏合剂具有腐蚀性，使用之前务必阅读使用说明。

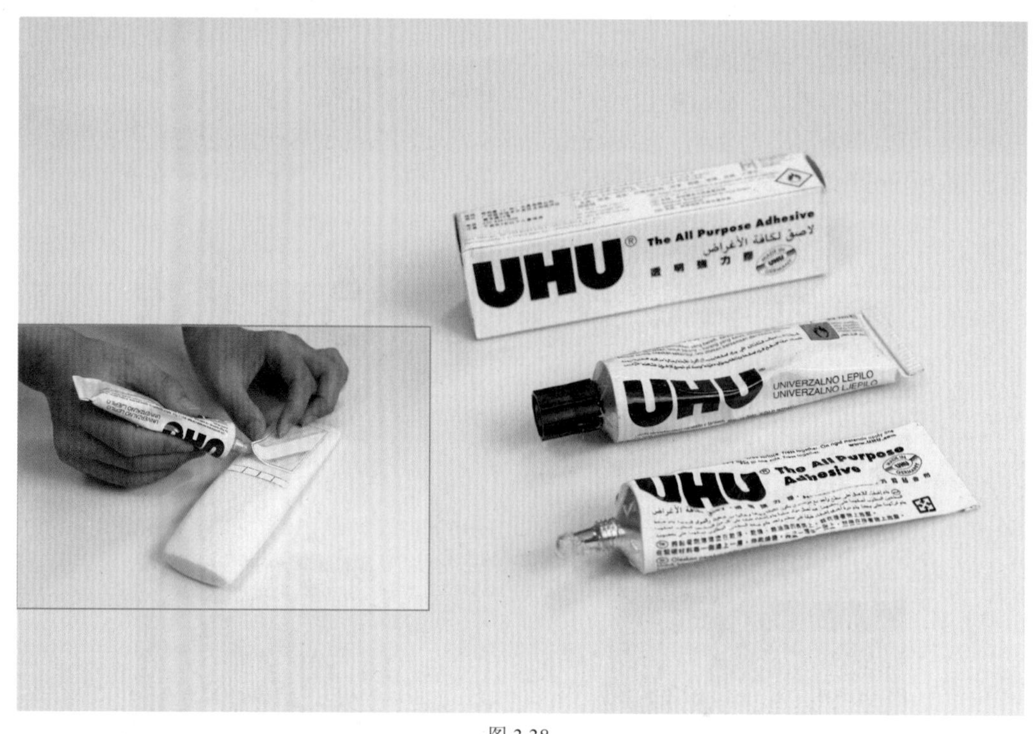

图 3.38

3.3　操作环境与安全防护

3.3.1　操作环境

安全的操作环境既能提高工作效率，还能有效防止事故发生，进入操作环境要严格按照相关规定执行，防止出现安全隐患，擅自违背规定可能造成永久性伤害甚至危及生命安全。操作前应制订制作计划，尽可能使用无伤害的材料和更安全的工具完成制作过程。

进入操作环境的基本要求如下。

- 操作前要认真学习工具、设备的操作规程及安全防护知识。
- 操作中务必严格按照各项安全规定使用和操作工具、设备。
- 操作后按照安全管理规定及时整理、清理工作环境，形成良好的工作习惯。
- 机电设备及危险品必须在专业人员指导下方可进行操作与使用。

模型制作过程中存在着许多直接或间接的安全隐患问题，工具和机器设备可能带来机械危险，材料使用不当同样造成伤害，尤其化学物品使用应更加慎重，环境的脏、乱与无序同样也会造成潜在的隐患等，人身安全最重要，所以必须具备安全防护意识，才能最大限度地避免发生各种安全问题。

操作环境应要有明确的工作区域分区，例如：手工操作区、机械加工区、危险品放置区、表面涂饰加工区、垃圾中转区等。无论在哪个区域进行操作，都务必按照相关安全与使用要求进行。如图 3.39 所示为宽敞、明亮、通风的手工操作区。

图 3.39

3.3.2　安全防护

安全防护包括设备防护与个人防护。使用设备要严格按照使用与操作要求进行，例如：使用电力机械设备时，一定要按照设备防护要求使用设备自带的安全防护罩、防尘罩，使用喷漆柜、喷漆房或通风橱时一定要开启通风系统等，避免因操作带来的危险，安全防护装置一旦损坏，务必请专业人员维修后方可进行操作。个人防护也要做好充分准备，加工操作时一些个人防护器具要必备与使用。

1. 工作服

在服饰要求方面，机械车间操作时不能穿戴宽松的服装和佩戴垂吊很长的首饰等物品，避免被高速运转的机械工具与设备所缠绕而造成严重伤害，进入操作环境要佩戴工作帽，长头发务必向后扎起并用工作帽遮盖起来，鞋子应该完全盖住和保护双脚，以避免掉落的物体或化学物质带来的危险，如图 3.40 所示。

图 3.40

2. 防尘口罩

工作环境首先要保证充足的通风条件，机械设备也要配备灰尘收集装置。由于在加工、打磨聚苯乙烯泡沫、聚氨酯泡沫、塑料、木料等材料时会产生粉尘，佩戴防尘口罩能尽量避免粉尘的直接吸入，如

图 3.41 所示。

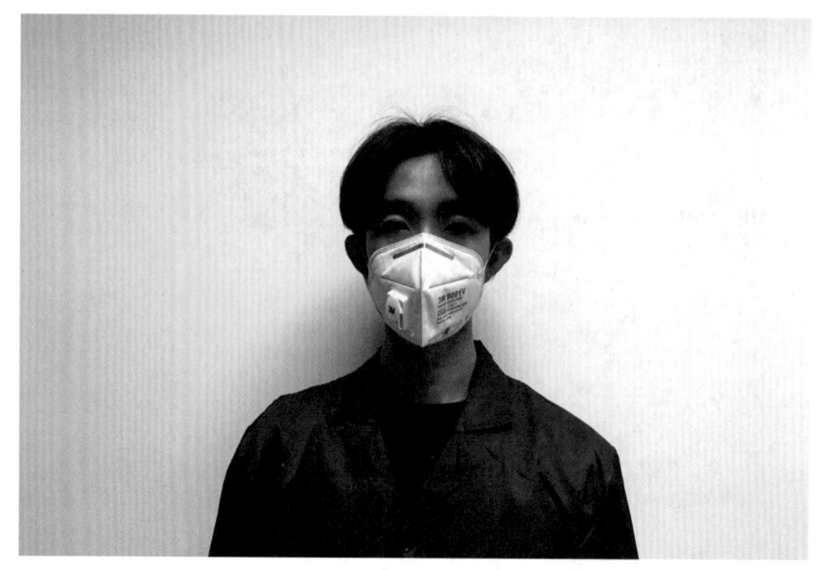

图 3.41

3. 防毒面具

由于黏合剂、漆料、填充剂、化学试剂或铸模材料中的化学物质具有挥发性，有害性物质可通过皮肤或呼吸进入体内造成伤害，患哮喘或过敏疾病的人应更加慎重，发现过敏反应要立即诊治。使用此类物品时要在喷漆柜、喷漆房或通风橱等具备通风条件的地方进行操作使用，佩戴防毒面和防护服装能最大限度阻止伤害，如图 3.42 所示。

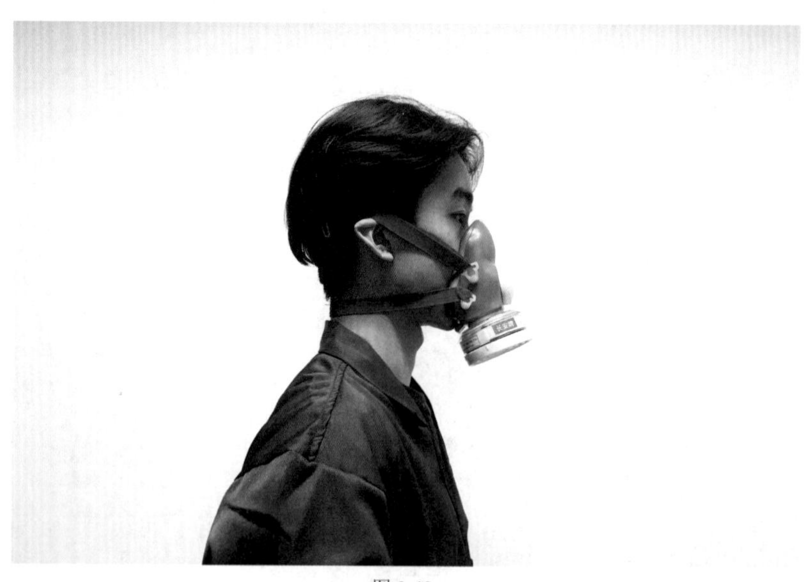

图 3.42

4. 防护眼镜

加工操作或使用挥发性物品一定要佩戴防护眼镜，在材料加工时会出现溅射的材料颗粒和飞扬的粉尘，防护眼镜是常规必备的防护工具，如图 3.43 所示。

5. 降噪耳罩

长时间处于噪声很大的环境中可能会对听力造成损伤，在嘈杂的设备周围应配备降噪耳罩，如图 3.44 所示。

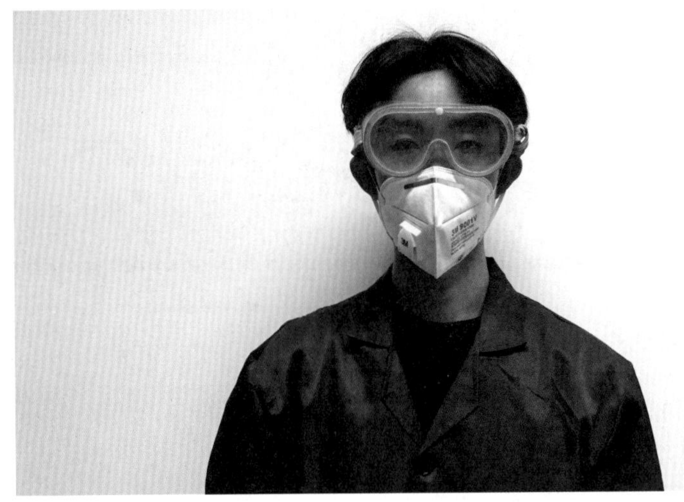

图 3.43

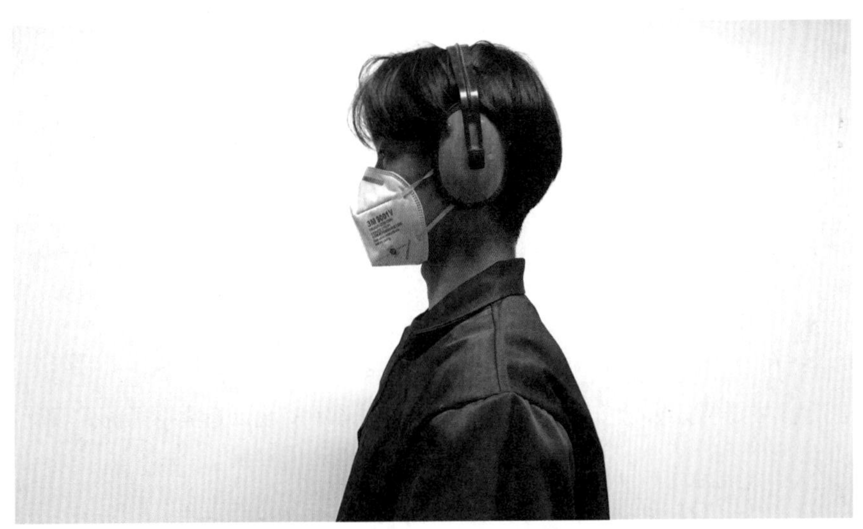

图 3.44

安全最重要，任何操作都应该首先进行危险评估，及早发现任何隐患，整个制作过程中要时刻按照所有安全规定及操作规程执行。操作中如果发生诸如机械伤害、灼伤、头晕、恶心等身体不适情况，要及时寻求帮助和医疗救助。

经过前面章节的介绍，对产品模型有了基本的概念，在后面的章节中重点介绍使用常用的模型材料进行模型制作的方法与步骤，以便更好地理解模型制作的意义和作用。

3.4　本章作业

思考题

操作环境与安全防护相关规定解读。

实验题

在专业教师及实验师的指导下熟悉、使用、操作常用的加工工具及设备。

《第 4 章》

聚氨酯材料模型制作

聚氨酯材料是常用的模型材料，适合于制作概念构思模型、功能实验模型等。关于聚氨酯材料及特性请参阅第 2 章 \2.1 节中的相关内容。常用的加工工具在案例中会涉及。

由于聚氨酯材料加工方便，根据初期的设计概念，可快速进行设计表达。

下面以聚氨酯硬质发泡材料制作的咖啡机模型为案例，介绍使用聚氨酯材料进行模型制作的方法与步骤，如图 4.1 所示。

图 4.1

4.1 设计构思表达

1. 草图表达构思内容

初期进行设计构思时，根据设计构想内容快速绘制若干草图方案，在若干草图方案中进行分析、比较，从中选择一些相对理想的设计方案继续深入设计，如图4.2所示。

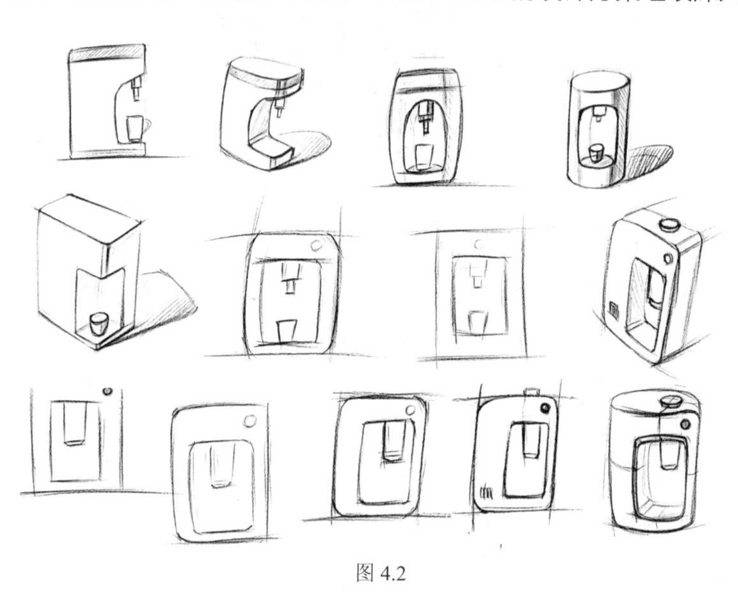

图 4.2

2. 构建小比例“迭代”模型

根据草图方案，构建小比例模型用于表达初期设计概念，此过程要多制作“迭代”模型，从中选择可深入设计的“迭代”模型继续进行分析研究，并以此为基础，绘制比较规范的正投影视图，为深入表现设计内容做好准备。

3. 绘制图纸

通过对形态、结构、使用方式等设计内容进行深入分析以后绘制图纸，一般情况下要绘制出 X、Y、Z 三个方向的正投影视图，以该图形为标准，准备进行制作，如图 4.3 所示。

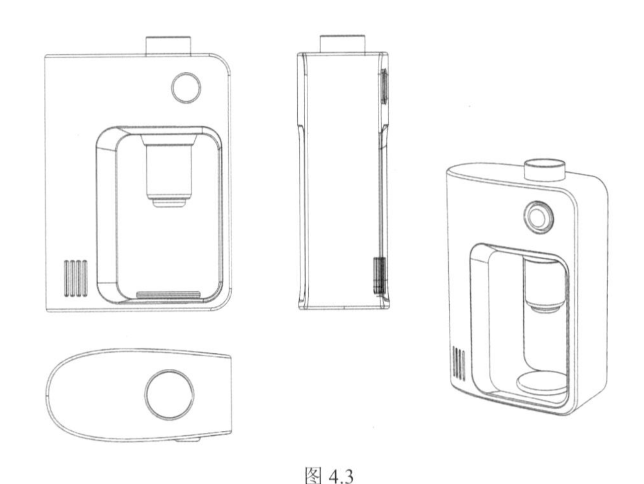

图 4.3

4.2　基础形状加工

4.2.1　主视图投影轮廓加工

1. 下料

01 参照图纸总的长、宽、高尺寸在大块的聚氨酯硬质发泡材料上面画线，画线尺寸应当大于图纸长、宽、高尺寸，目的是留出足够的加工余量。

02 使用切割类工具进行下料，下料后使用砂带机快速将每一个面打磨平整，如图 4.4 所示。

图 4.4

2. 贴图

01 将主视图投影视图粘贴于材料表面。

02 使用黏合剂粘贴图纸，注意图纸粘贴要平整，不要出现褶皱现象，如图 4.5 所示。

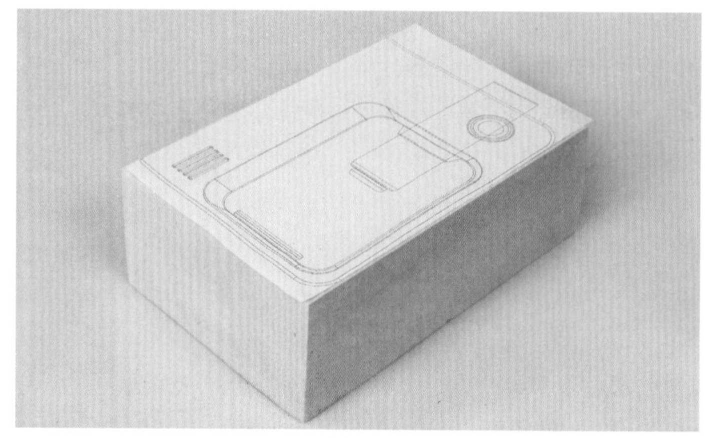

图 4.5

3. 锯割加工

1) 沿内轮廓线切割

01 沿内部轮廓锯割时，先使用钻床在锯割内侧打孔，目的是将曲线锯条套入其中，如图 4.6 所示。

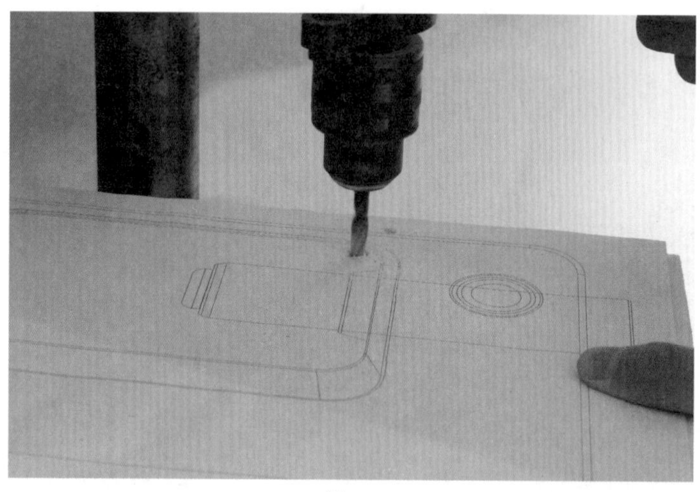

图 4.6

02 将曲线锯条套入孔中并安装牢固。启动曲线锯开始进行切割，注意切割时沿轮廓线内边缘切割，切割过程中要匀速推进材料，防止锯条跑出线外，如图 4.7 所示。

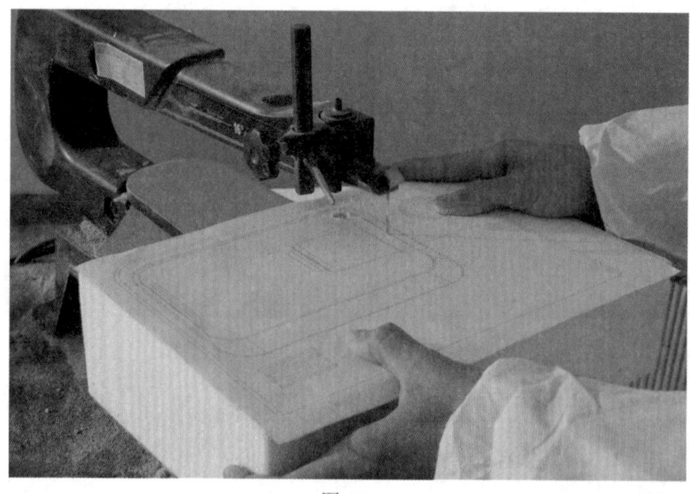

图 4.7

03 切割完成以后卸下锯条，取出被切割的部分，重新安装锯条，准备进行外轮廓切割，如图 4.8 所示。

图 4.8

2) 沿外轮廓切割

使用曲线锯或其他切割工具沿外轮廓线进行切割，如图 4.9 所示。

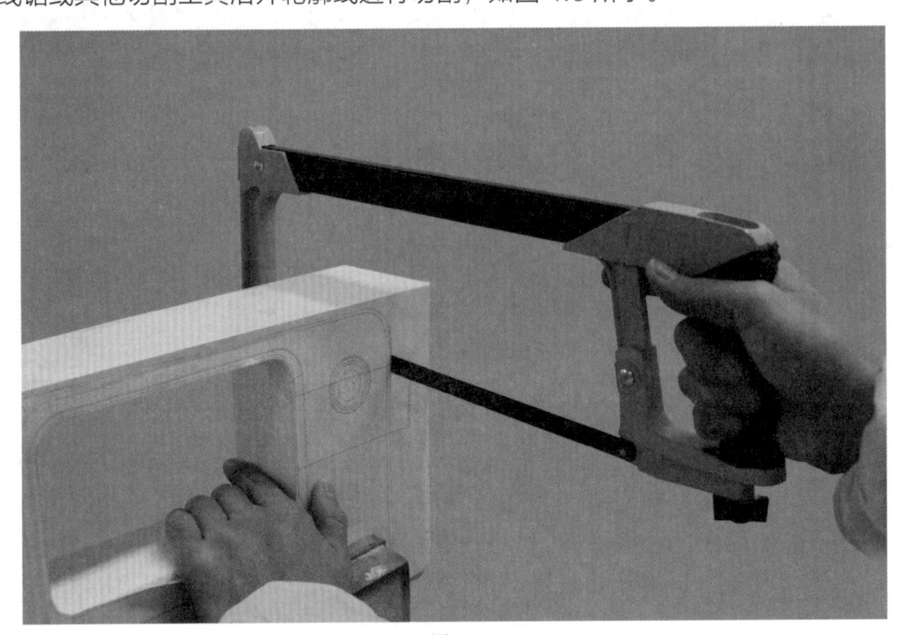

图 4.9

4. 锉削加工

1) 锉削平面

01 首先选择一个面作为基准面，对该面进行加工。

02 使用夹紧工具将工件夹紧。

03 使用平面锉刀对其进行锉削加工。加工时双手要把稳锉刀，推动锉刀向前平移，锉削过程中保持锉刀不要晃动，以防止被锉削的表面不平整，在锉削过程中逐渐移动锉削位置，将整个面锉削平整。锉削过程中随时观察是否锉削至轮廓线位置，如图 4.10 所示。

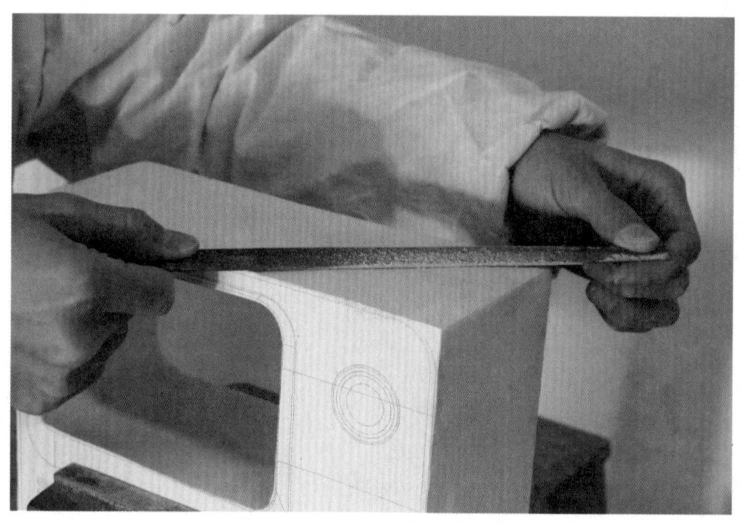

图 4.10

2) 测量平直度

使用直尺测量被锉削面的平直度，如图 4.11 和图 4.12 所示。方法是将直尺靠在被锉削的平面上，检查平面与直尺之间是否有缝隙；转动直尺继续测量，如果直尺与被锉削面没有缝隙，证明此面已经锉削平整。

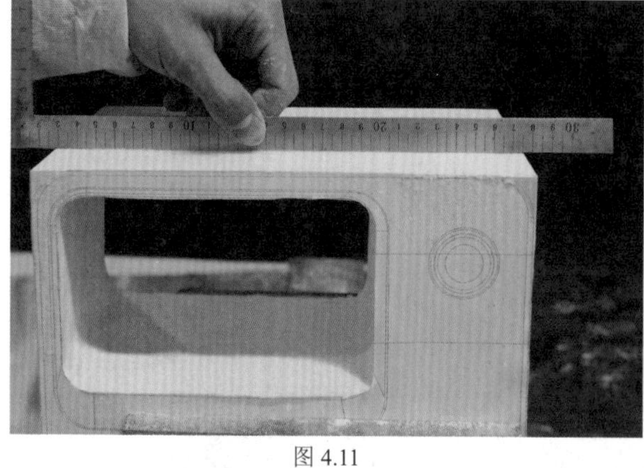

图 4.11

图 4.12

3) 锉削相邻面

01 以加工好的平面为基准，对相邻面进行加工。

02 松开台钳，将工件转换方向、夹紧，继续使用锉刀对相邻面进行锉削加工，随时检查平直度，如图 4.13 所示。

4) 测量两个相邻面的垂直度

使用直角尺测量两个相邻面的垂直度。方法是将直角尺靠紧相邻面，观察两个相邻面与直角尺之间是否存在缝隙，如果没有缝隙，证明两个相邻面已经相互垂直，如图 4.14 和图 4.15 所示。

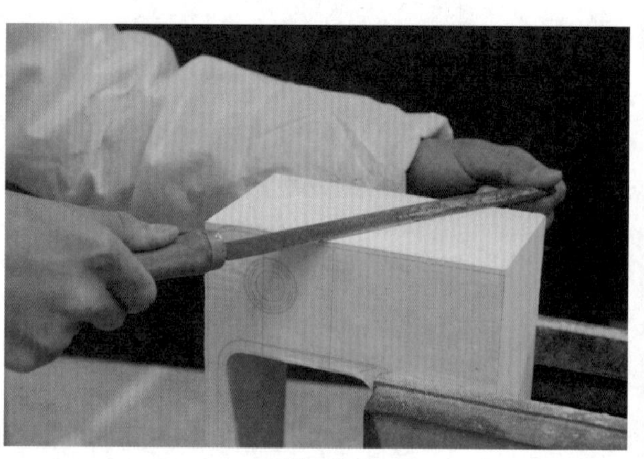

图 4.13

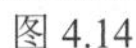

图 4.14

图 4.15

5) 锉削外圆角

使用锉刀锉削圆角时，双手把持锉刀，手持把柄的那只手在推动锉刀的同时要有下压的动作，这种锉削方法可以使被锉削的部位形成光滑的弧面，如图 4.16 所示。

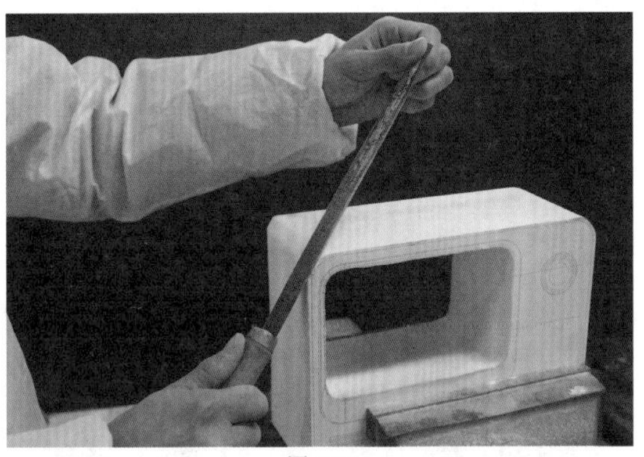

图 4.16

6) 锉削内圆角

使用有弧面的锉刀或圆柱形锉刀对内圆角进行锉削加工，逐渐锉削至轮廓线位置，如图 4.17 和图 4.18 所示。

图 4.17

图 4.18

4.2.2　沿俯视图轮廓线加工

1. 贴图

01 将俯视图投影视图粘贴于材料表面。

02 使用黏合剂粘贴图纸，注意图纸粘贴得要平整，不要出现褶皱现象，如图 4.19 所示。

图 4.19

2. 锯割加工

1) 勾画锯割辅助线

沿俯视图投影轮廓勾画辅助线，以防止切割轮廓形状时发生位置位移问题，如图 4.20 和图 4.21 所示。

图 4.20

图 4.21

2) 沿辅助线切割

使用切割工具沿着辅助线切割俯视图边缘轮廓形状，切割时注意不要跑出线外，如图 4.22 至图 4.25 所示。

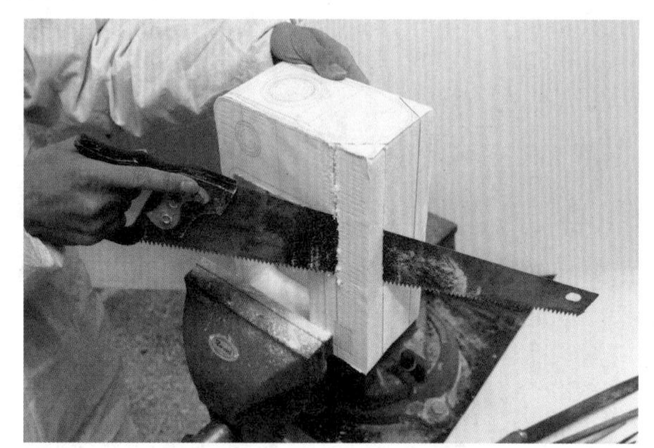
图 4.22

图 4.23

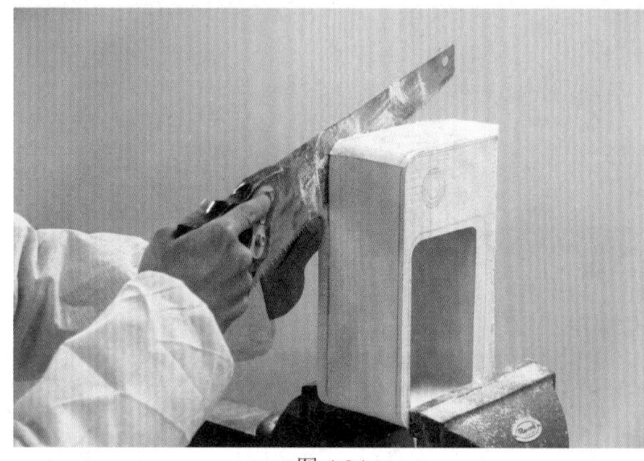
图 4.24

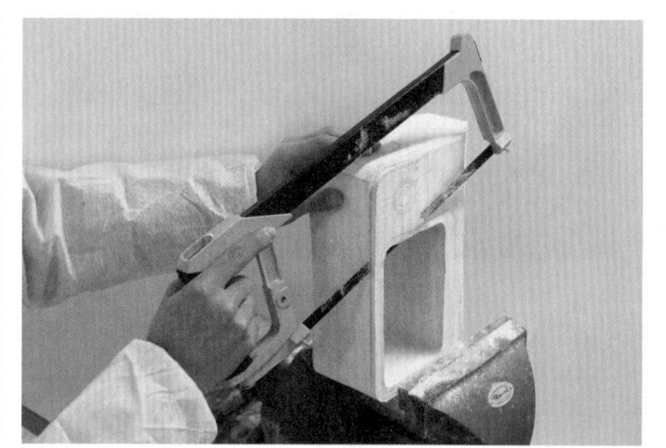
图 4.25

3. 锉削加工

01 使用锉刀锉削弧面，锉削弧面的动作与锉削外圆角的动作一致，如图 4.26 所示。

02 如果被锉削的弧面面积比较大，可自制一个宽面锉削工具。方法是用砂纸将一块薄板全部包裹住，并将砂纸在转折部位叠出折痕，如图 4.27 和图 4.28 所示。

03 使用自制的工具对大弧面进行锉削加工，锉削方法如前所述，如图 4.29 所示。

04 也可以双手把持锉削工具沿工件的通长进行往复推拉操作，采用此种方法可以获得光滑的弧面，如图 4.30 所示。

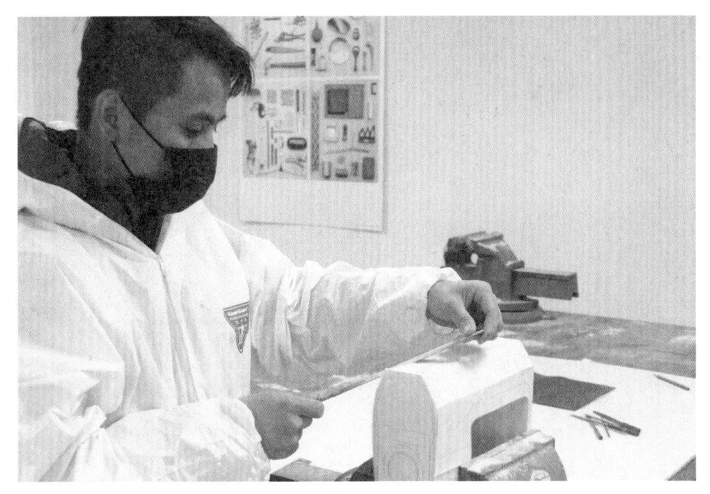

图 4.26

图 4.27

图 4.28

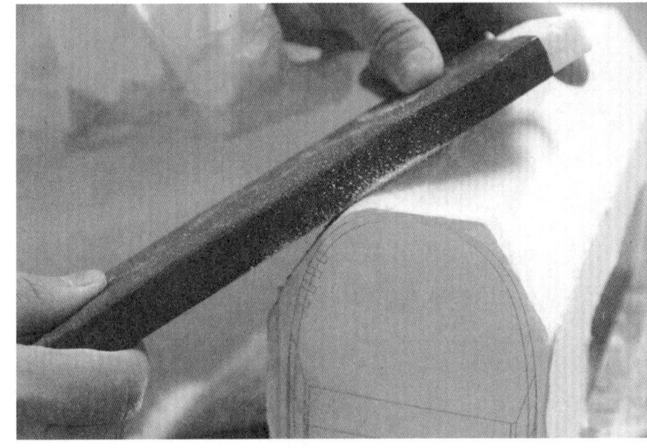

图 4.29

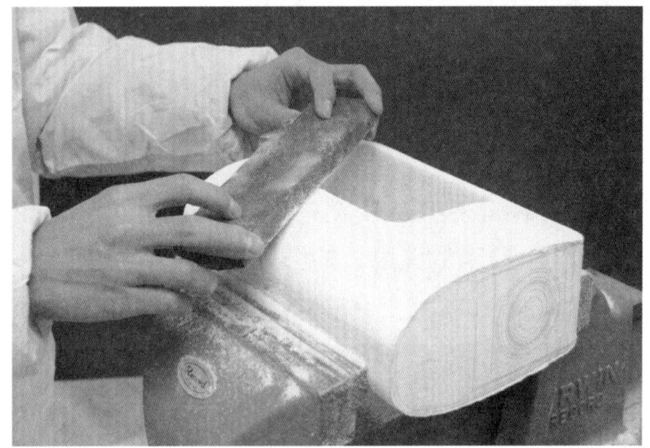

图 4.30

05 如果两个投影方向的视图轮廓还不能完整界定出立体形状，可继续使用侧视图辅助界定形状，在此不做赘述。

4.3　局部形状加工

1. 贴图

由于在基础形状加工过程中有可能将图形损坏，需要重新粘贴视图并以图形轮廓为参照，对局部细节形状进行加工，如图 4.31 所示。

图 4.31

2. 局部细节形状加工

01 加工内切面。使用什锦锉刀沿轮廓线进行锉削加工，由于聚氨酯材料相对比较粗糙，加工过程中不要急于求成，动作要轻，操作要细心，如图 4.32 所示。

02 加工下沉圆。使用手持式电磨头机沿轮廓边缘打磨，由于手持式电磨头机的转速比较快，加之聚氨酯材料比较松软，所以打磨时要轻轻将磨头接触材料，防止过快磨削，如图 4.33 所示。

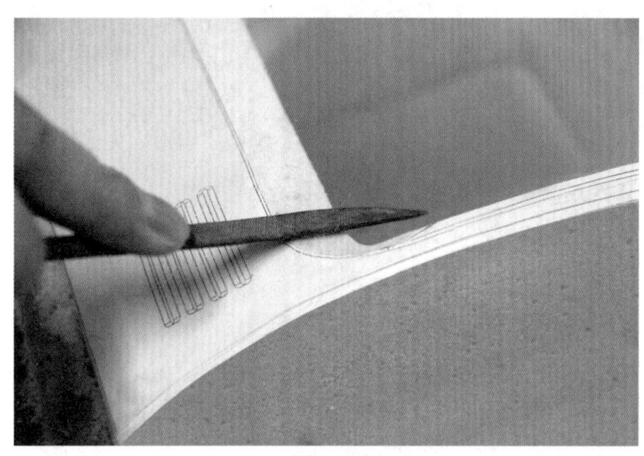

图 4.32

图 4.33

03 加工凹槽。换用大小适中的磨头，沿轮廓线的内边缘轻轻打磨，打磨过程中要把稳手持式电磨头机，逐渐加工至要求的深度，如图 4.34 所示。

04 全部细节形状加工完成以后，揭开图纸，仔细观察是否有达不到要求的形状，如图 4.35 所示。

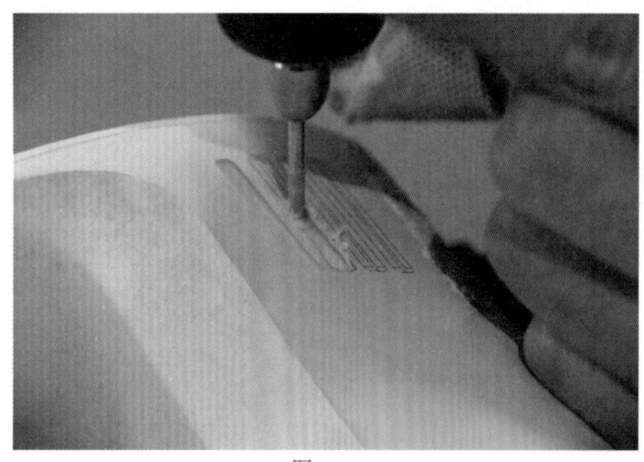

图 4.34

图 4.35

05 如果存在类似问题，继续使用相关工具进行细化加工，如图 4.36 所示。

06 全部形状塑造完成以后要对边角部位进行倒角操作，制作倒角时使用什锦锉或砂纸细致认真地小心操作，如图 4.37 所示。

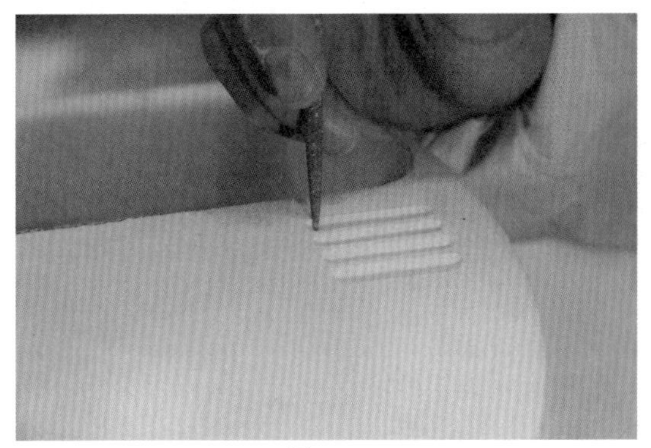

图 4.36

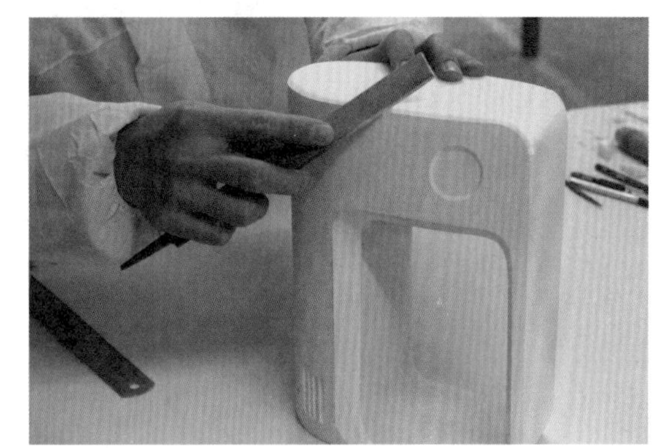

图 4.37

4.4　配件加工

对于一些小配件可以单独进行加工，完全没必要进行整体制作，单独加工既便于操作，又可提高制作效率。本案例中的按钮、杯垫等小配件就是单独制作完成。下面简要介绍一下制作过程。

1. 画线

在材料上画出轮廓线形，如图 4.38 和图 4.39 所示。

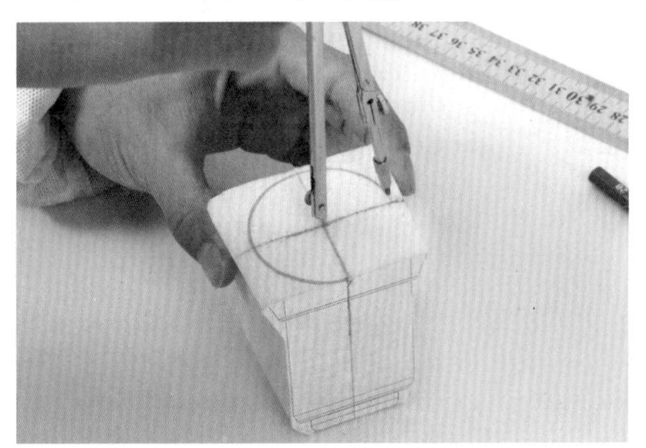

图 4.38

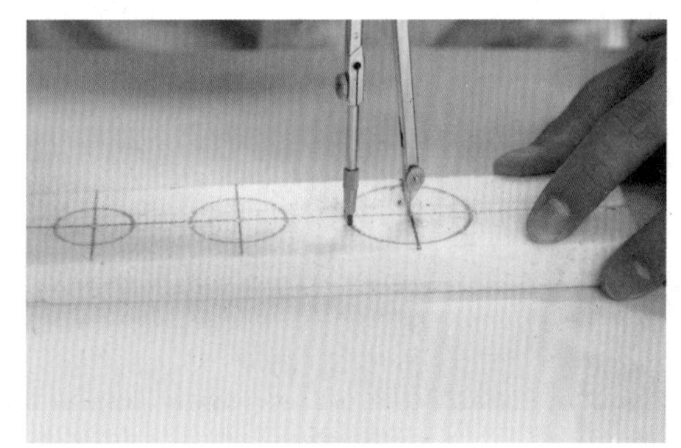

图 4.39

2. 打磨

使用砂带机大致打磨出基础形状，换用锉削工具进行锉削加工，切割不同厚度的圆片，使用砂纸进行精细打磨，直至加工成型，如图 4.40 至图 4.43 所示。

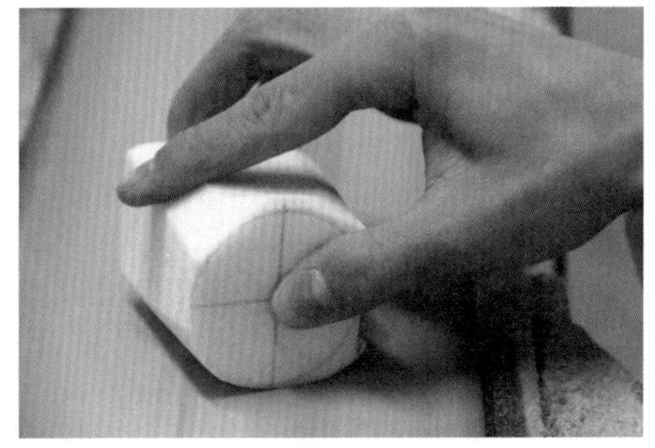

图 4.40

图 4.41

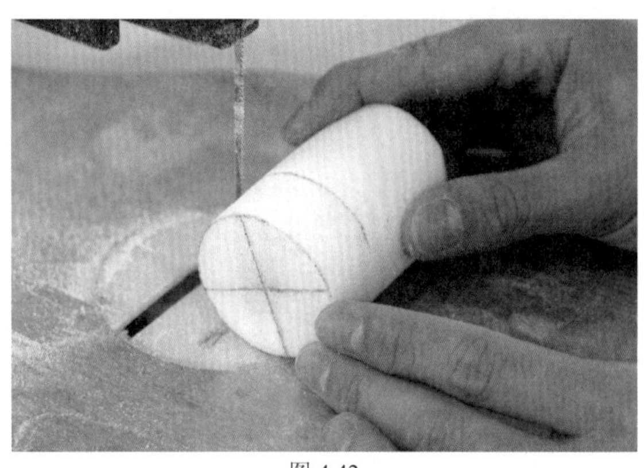

图 4.42

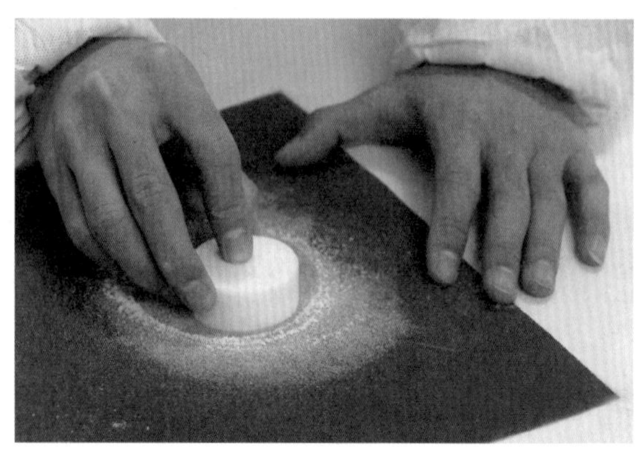

图 4.43

4.5　黏结成型

01 将所有零部件制作成型以后，按次序进行排放，最后观察每一个零部件是否继续进行调整，如图 4.44 所示。

02 确认无误后，使用黏合剂将所有零部件黏结为一体，黏结过程中调整好零部件所在的位置，等待黏结成型以后观察总体效果，最终完成模型制作，如图 4.45 所示。

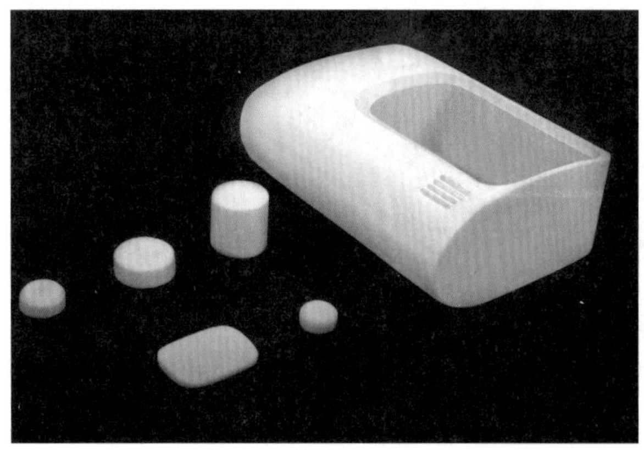

图 4.44

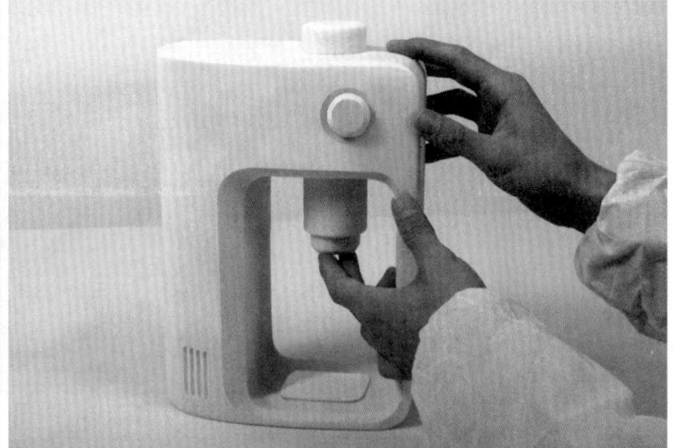

图 4.45

4.6　本章作业

思考题

简述聚氨酯硬质发泡材料制作模型的加工方法与操作步骤。

实验题

1. 根据设计构思，使用聚氨酯硬质发泡材料快速制作若干“迭代”模型，此时模型不要求精细制作。
2. 在若干“迭代”模型中选择有深入设计可能性的模型，重新进行精细制作。

第 5 章 纸质材料模型制作

纸质材料是常用的模型材料，适合于制作概念构思模型、功能实验模型等。关于纸质材料及特性请参阅第 2 章 \2.1 节中的相关内容。常用的加工工具在案例中会涉及。下面介绍手工操作方式对纸质材料加工的方法。

下面以图 5.1 所示的座椅为案例，介绍使用箱板纸制作模型的方法与步骤。

图 5.1

5.1 设计构思表达

1. 草图表达构思内容

初期进行设计构思时，根据设计构想内容快速绘制若干草图方案，在若干草图方案中进行分析、比较，从中选择一些相对理想的设计方案继续深入设计，如图 5.2 所示。

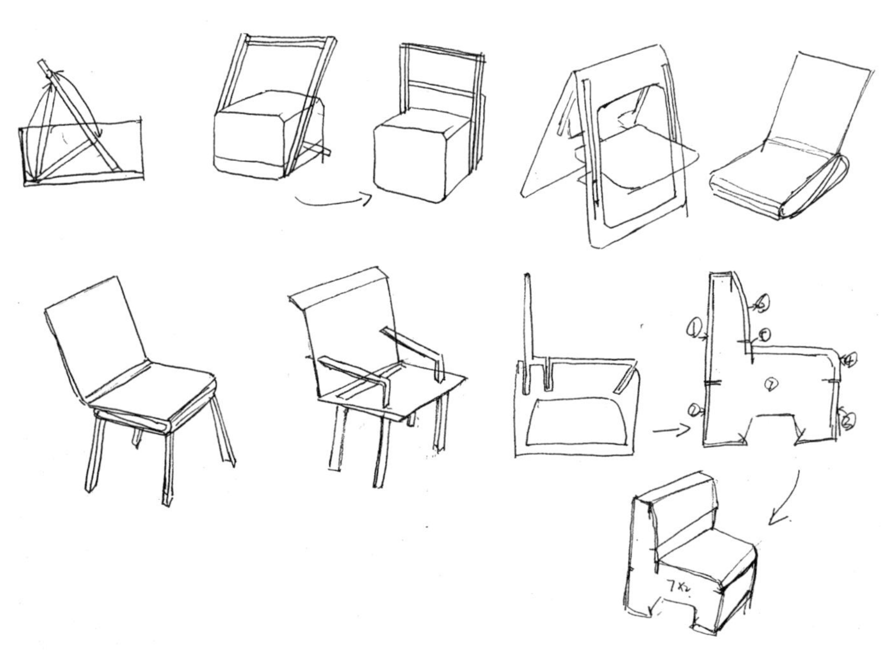

图 5.2

2. 构建小比例草模型

01 使用比较容易加工的纸张将筛选出来的设计方案进行立体表现，将设计内容进行三维形态转换，如图 5.3 所示。

图 5.3

02 针对若干立体化的形态继续进行综合分析与研究，逐渐对形态、尺度、结构等设计内容进行推敲，不断优化设计内容，选择比较理想的设计方案再次进行“迭代”表达，如图 5.4 所示。

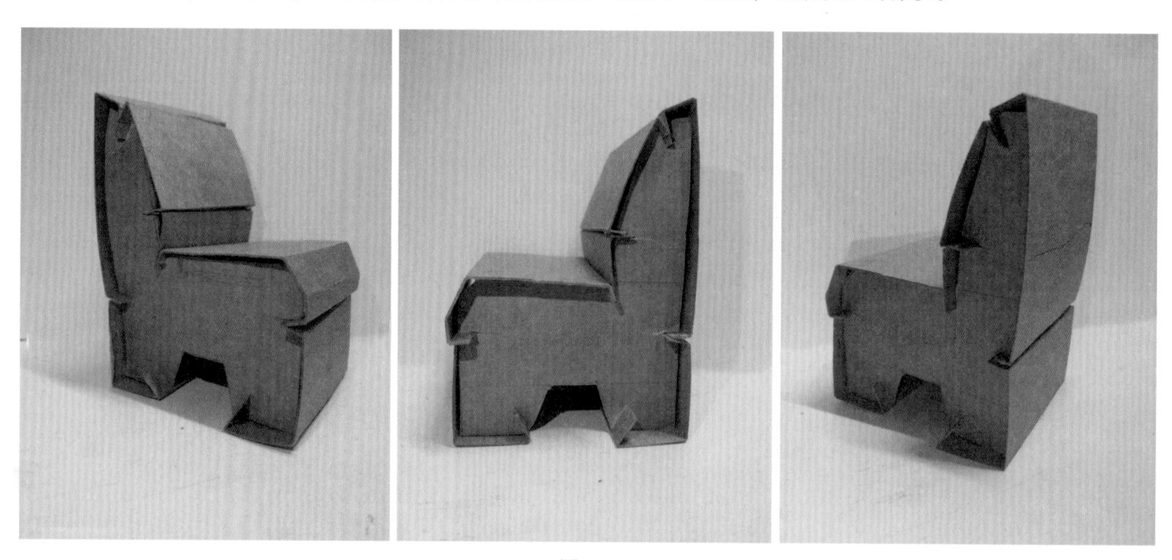

图 5.4

03 按照“迭代”的模型，绘制图纸，确定实际设计尺寸。注意图形全部绘制完成以后需要对图形进行编号，便于检查，如图 5.5 所示。

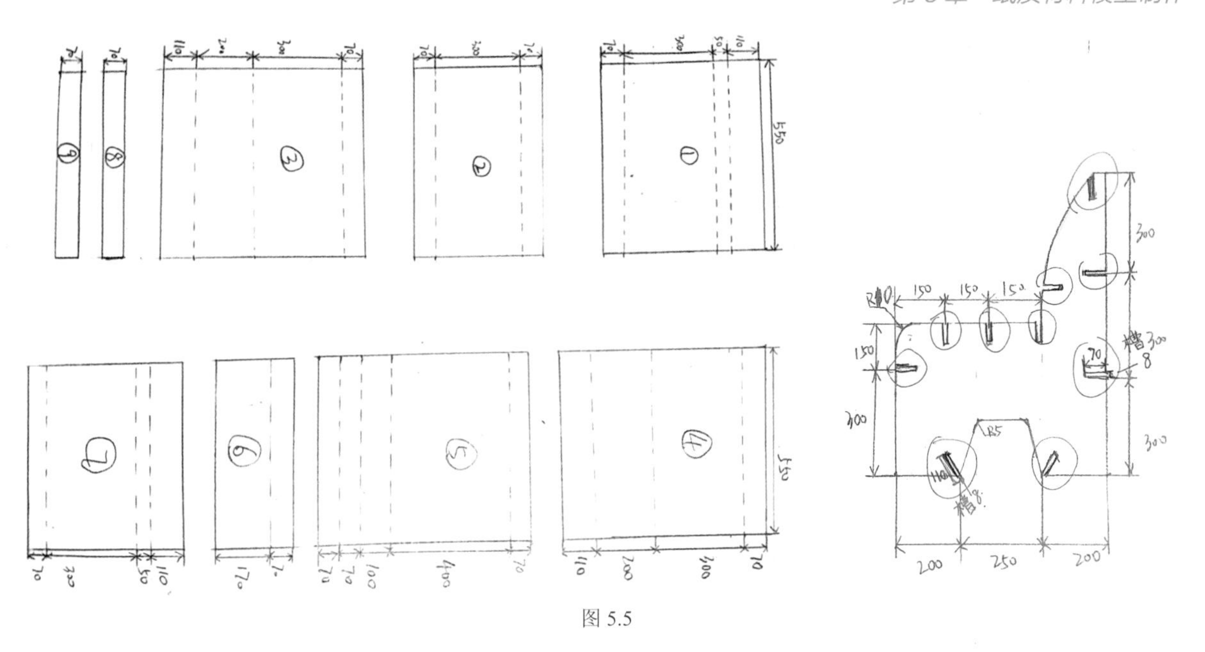

图 5.5

5.2　绘制展开图

1. 绘制外部形态

01 在箱板纸上按设计尺寸绘制各形状部位的展开图形。注意裁切的部位用实线表示，在折叠部位用虚线表示，如图 5.6 所示。

02 外部轮廓形态绘制过程中，根据设计构思的变化可随时对轮廓整体或局部进行设计调整，如图 5.7 所示。

图 5.6

图 5.7

2. 绘制连接结构

01 对插接部位、连接结构进行绘制时，要仔细斟酌，对插接结构、连接方式要进行仔细推敲，尽量减少设计误差，如图 5.8 所示。

02 所有零部件的轮廓图形绘制完成以后需对各部位的连接尺寸进行认真审核，避免出现安装等问题，如图 5.9 所示。

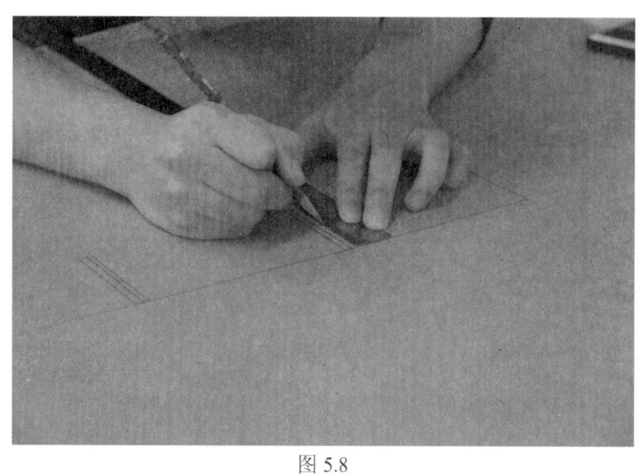

图 5.8

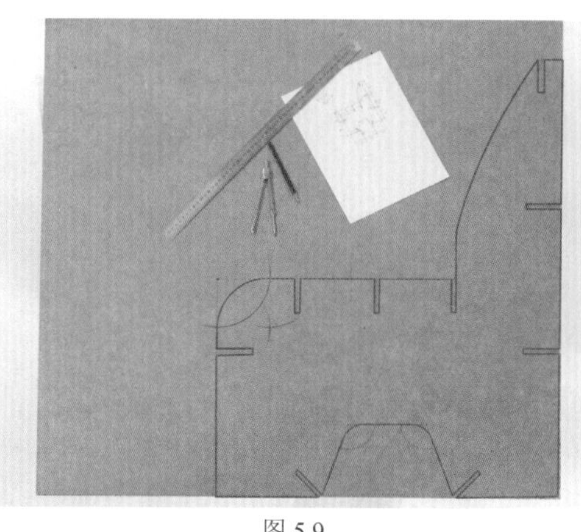

图 5.9

5.3　裁切

1. 沿外部轮廓裁切

01 沿直线裁切。将直尺与直线边缘轮廓重合，使用裁纸刀等裁切工具沿外部轮廓线进行切割，如图 5.10 至图 5.13 所示。

图 5.10

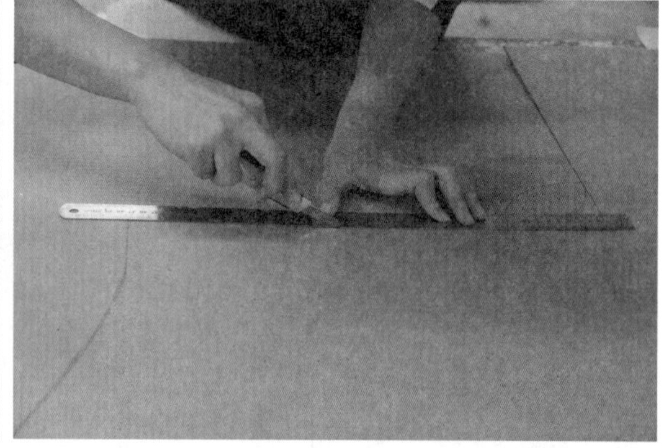

图 5.11

图 5.12

图 5.13

02 沿曲线裁切。使用云形尺等曲线边缘工具对应曲线轮廓，然后进行切割，也可使用切割工具慢慢沿曲线边缘进行切割，注意切割的边缘要顺畅，如图 5.14 和图 5.15 所示。

图 5.14

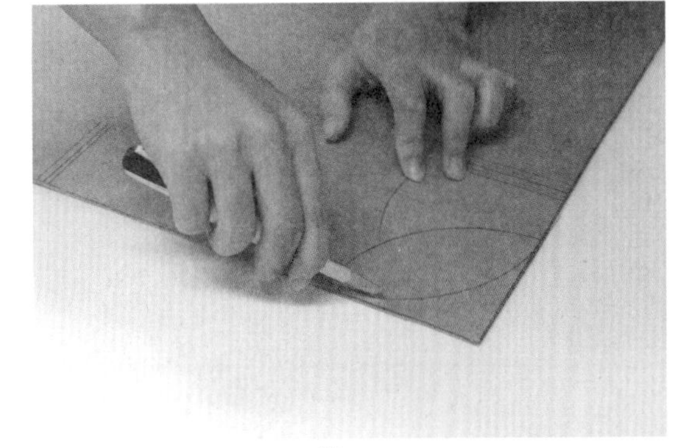

图 5.15

03 也可用剪刀进行剪裁，如图 5.16 所示。

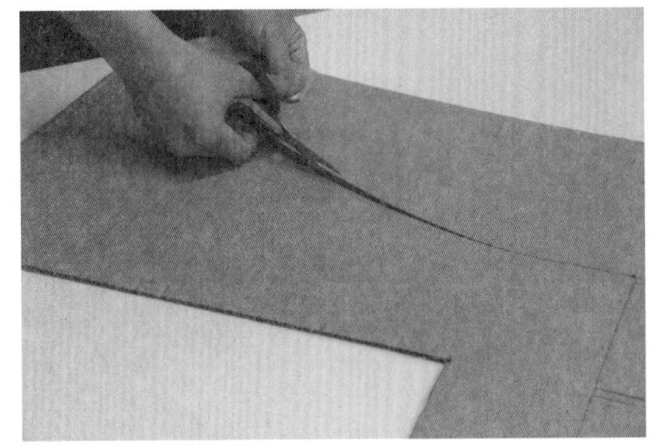

图 5.16

2. 切割连接、插接结构

切割连接、插接结构时，开口大小要控制好，开口宽度要稍稍小于插接纸板的厚度，以免插接后产生松动现象，如图 5.17 至图 5.20 所示。

3. 相同构件的裁切

01 制作多个相同的构件时，首先制作完成一件构件，并仔细检查是否符合要求。在此期间还可以继续对形态、结构、连接方式等内容继续进行调整，如图 5.21 所示。

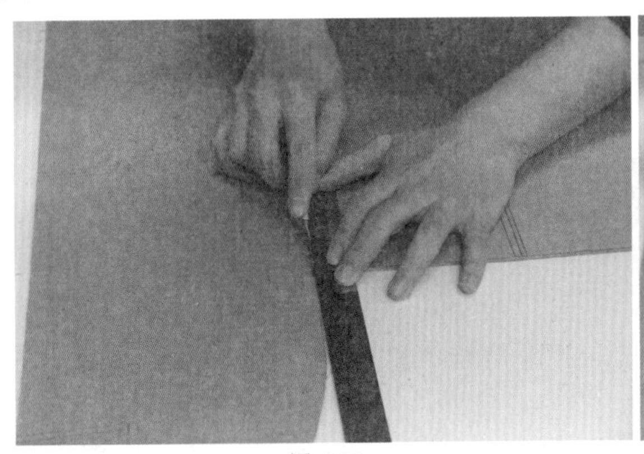

图 5.17

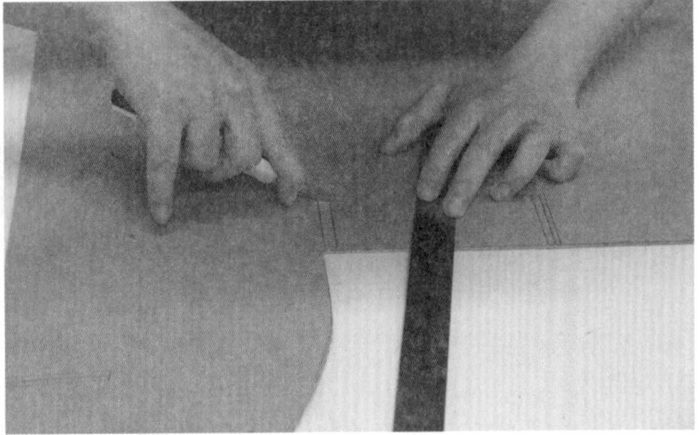

图 5.18

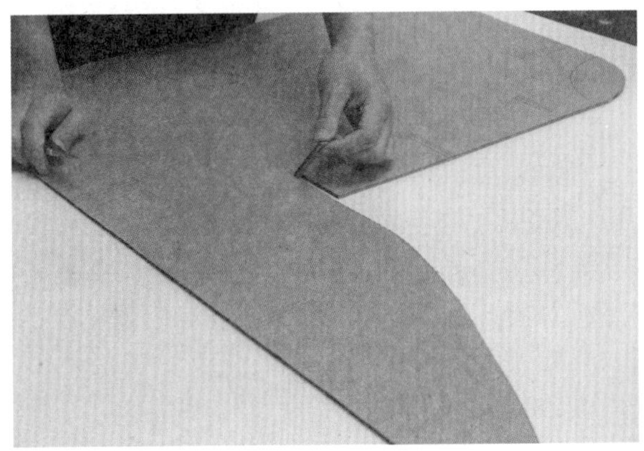

图 5.19

图 5.20

02 将制作好的构件叠放在另一张箱板纸上，并与之固定，使用铅笔沿着构件的轮廓勾画。全部勾画完成后将构件拿开，继续使用裁切工具沿轮廓线形进行裁切，加工出相同形状的构件，如图 5.22 所示。

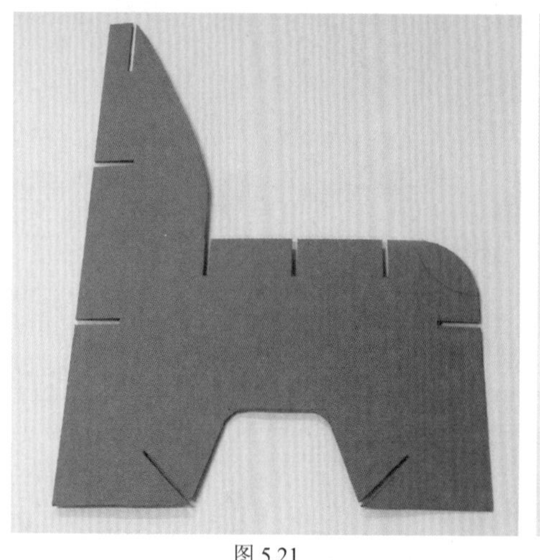

图 5.21

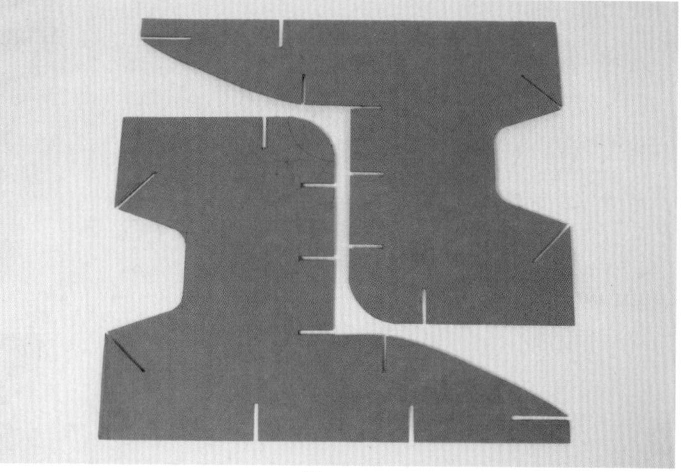

图 5.22

5.4 构件的立体折叠

1. 切割

在折叠部位使用裁切工具沿虚线进行切割，注意一定不要将纸张切透，如图 5.23 所示。

2. 压痕

使用金属或木质画针沿着切割的线形压出凹陷痕迹，目的是便于在箱板纸上折叠形状，如图 5.24 所示。

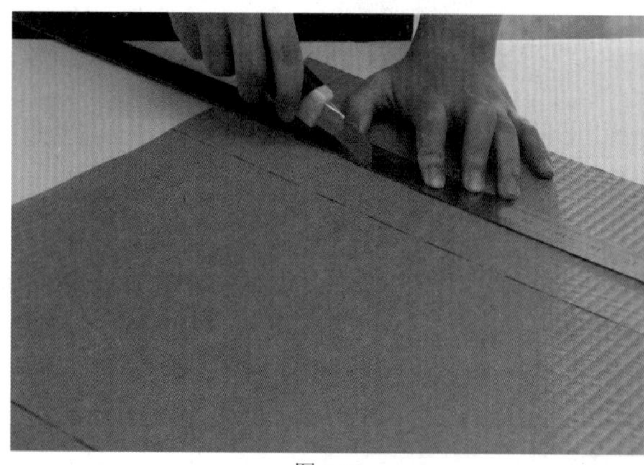

图 5.23

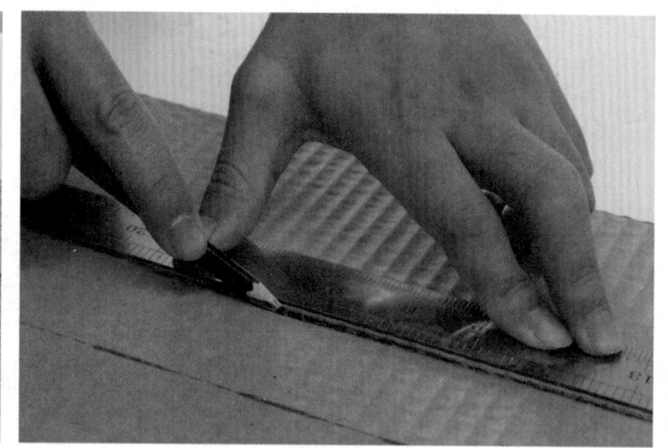

图 5.24

3. 折叠

01 将直尺放在折叠部位并压实；在箱板纸的背面使用比较硬的板材作为依托进行翻折，这种方法可折叠出理想的形状，如图 5.25 所示。

02 继续对其他部位进行折叠操作，完成单一构建的折叠，如图 5.26 所示。

图 5.25

图 5.26

03 将所有构件折叠完成，按插接次序摆放，检查是否有遗漏的构件，准备下一步插接与拼装操作，如图 5.27 所示。

4. 拼装

01 将座椅的两个侧面构件对称摆放。从最下面的部位开始进行插接，如图 5.28 所示。

图 5.27

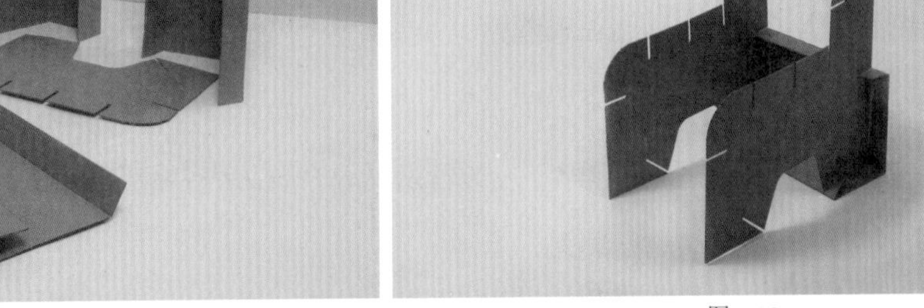

图 5.28

02 插接过程中防止将接口部位损坏，避免造成插接不牢的问题，如图 5.29 所示。

03 在拼装过程中应随时观察、记录所设计的内容是否达到设计要求，为继续调整、改进设计方案提供依据，如图 5.30 所示。

图 5.29

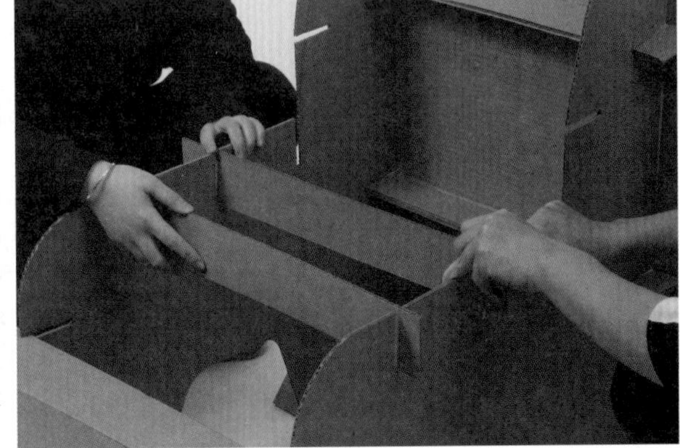

图 5.30

04 按次序继续将构件插接完成，如图 5.31 至图 5.34 所示。

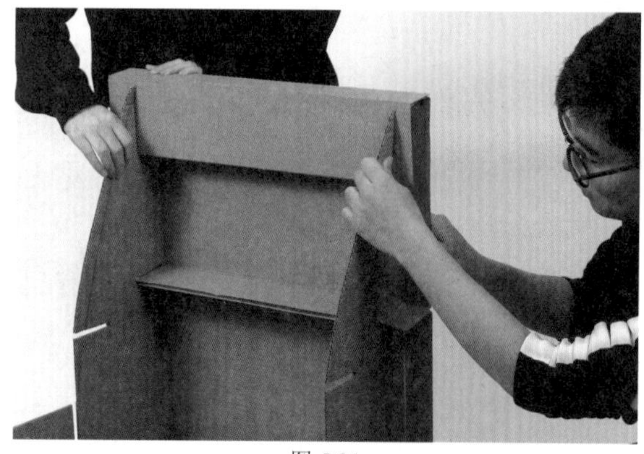

图 5.31

图 5.32

图 5.33

图 5.34

5. 整形

全部插接成型以后，调试每一个零部件，整理形状，仔细检查各局部连接是否存在问题，并及时调整，如图 5.35 所示。

图 5.35

5.5　设计内容测试

通过模型制作过程，可快速表达前期设计构思，随时反馈和验证阶段设计内容，检查存在的问题，并通过模型进一步继续深化和展开设计，通过设计的不断深入，使用模型进行“迭代”表达，对结构、形态、人机尺度、材料应用、工艺流程等设计内容进行深入分析和研究。如图 5.36 所示，通过模型验证结构设计、人机尺度及形态的合理程度，至此完成纸质模型制作过程。

图 5.36

5.6　本章作业

思考题

简述纸质材料制作模型的方法与操作步骤。

实验题

1. 根据设计构思，使用纸质材料快速制作若干“迭代”模型。
2. 在若干“迭代”模型中选择有深入设计可能性的模型，重新进行精细制作。

第 6 章
石膏材料模型制作

石膏材料是常用的模型材料，适合于制作交流展示模型、功能实验模型等。关于石膏材料及特性请参阅第 2 章 \2.1 节中的相关内容。常用的加工工具、设备及辅助加工材料在案例中会涉及。

石膏成型的方法比较多，在产品模型制作的过程中主要使用雕刻成型、旋转成型、反求成型（复制成型）等方法进行制作。

下面以图 6.1 所示的桌面饮水机模型为案例，介绍雕刻成型的方法与步骤。

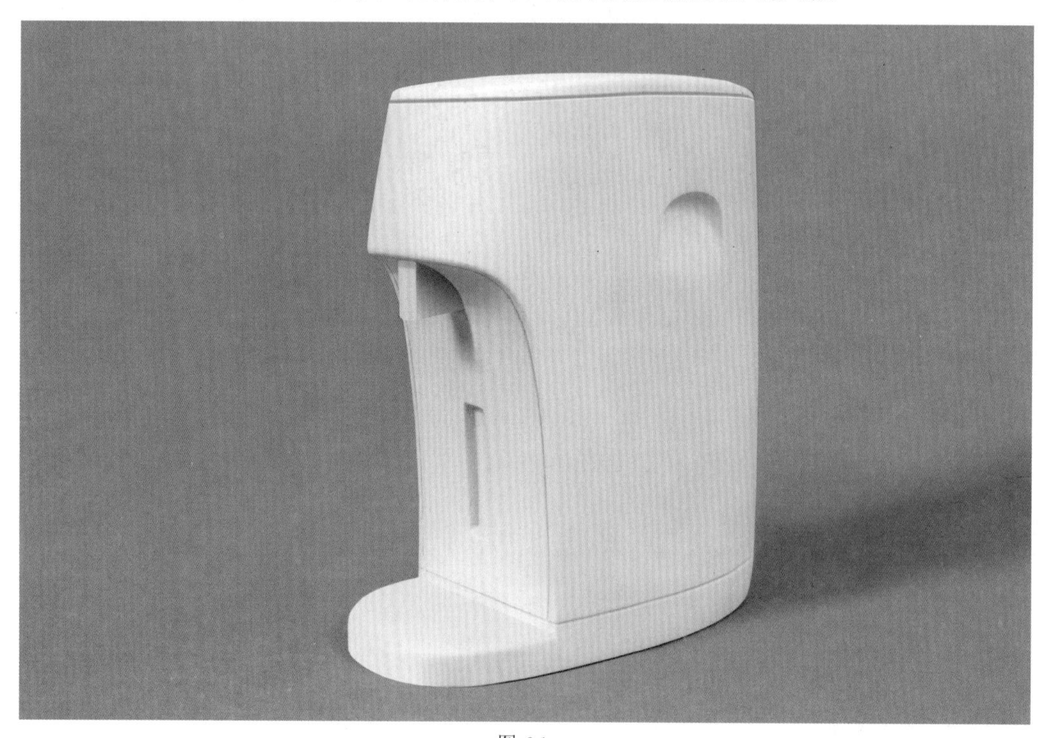

图 6.1

6.1 设计构思表达

由于石膏材料的特性使得加工过程相对难度较大，所以用石膏材料进行模型制作时，需要设计方案比较成熟才能实施制作。

初期进行设计构思时，根据设计构想内容快速绘制若干草图方案，在若干草图方案中进行分析、比较，从中选择一些相对理想的设计方案继续深入设计。通过对形态、结构、使用方式等设计内容进行深入分析以后绘制图纸，一般情况下要绘制出 X、Y、Z 三个方向的正投影视图，以该图形为标准，准备进行制作，如图 6.2 所示。

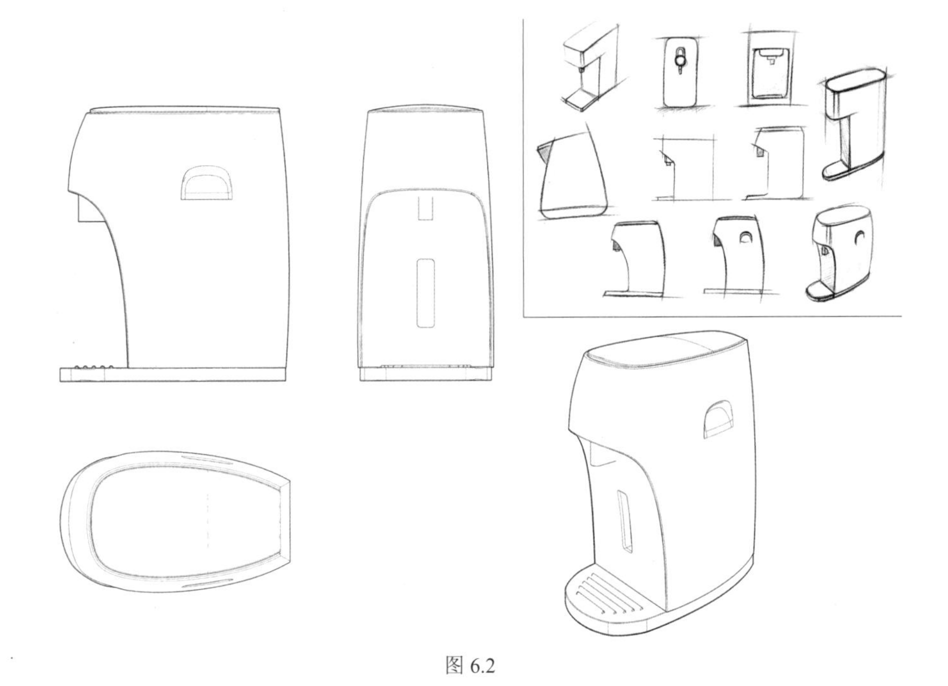

图 6.2

6.2　搭建浇注型腔

由于石膏粉与水调和以后在一定时间内才能凝固，所以要事先根据形态的基本形状搭建型腔。搭建型腔的材料不限。本案例中使用 KT 广告板作为型腔板，板体挺括、轻盈、不易变质、易于加工。

1. 绘制轮廓投影形状

01 一般情况下，根据设计的形状把最长、最宽的尺寸布局在水平面上，如图 6.3 所示。

02 如果投影形状为变化较大的曲线型，可以直接绘制出最外边缘的投影轮廓，如图 6.4 所示。

图 6.3　　图 6.4

2. 裁切型腔板

01 按照图形的长、宽、高尺寸裁切底托板和侧围板，如图 6.5 所示。

02 如果侧围板需要曲线走向变化，可在侧围板上事先进行切割，注意不要把板切断，只是把覆膜切断即可，如图 6.6 所示。根据曲线的走向变化，随时在板的另一面进行切割。

图 6.5

图 6.6

03 如果切割间距越小，侧围曲率就越好控制。将切割部位轻轻掰开，如图 6.7 所示。

3. 搭建型腔

01 将热熔枪插头插入电源插座，等待胶棒受热呈熔融状态后，慢慢扣动扳机并移动热熔枪沿线形边缘均匀挤出胶液，如图 6.8 所示。

图 6.7

图 6.8

02 快速将侧围板与底托板相互黏结，侧围板要与轮廓边缘重合，等待胶液凝固，如图 6.9 所示。

03 使用同样的方法，继续将其他侧围板与底托板相互黏合，如图 6.10 所示。

图 6.9

图 6.10

04 侧围板与底拖板相互黏合以后，继续将侧围板之间黏合牢固，如图 6.11 所示。

全部黏结成型以后在腔体中注入一些清水，检查是否有渗漏现象，如果出现渗漏，继续使用热熔枪将渗漏部位密封。

05 搭建虚线形状侧围板时，沿着曲线轮廓一边打胶一边进行黏合，当围合一圈以后将多余的侧围板切割掉，将侧围板接口部位密封黏结，如图 6.12 所示。

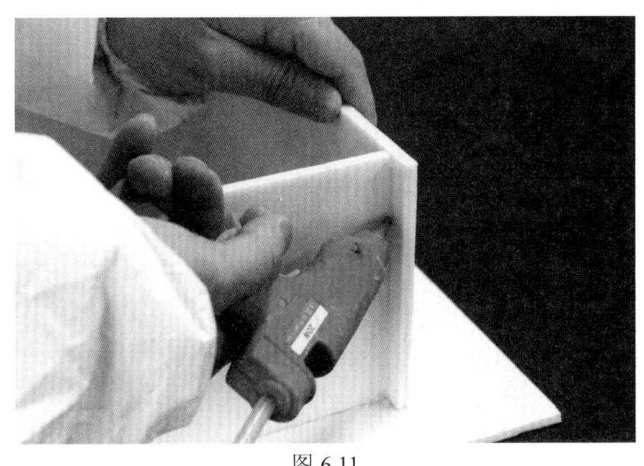

图 6.11

图 6.12

6.3　浇注石膏体

石膏粉与水调和以后凝固成型，掌握正确的调和方法可以使凝固的石膏具有高强度、高硬度，调和比例直接影响模型的加工质量。

6.3.1　调和石膏溶液

1. 石膏粉与水的比例

石膏粉与水的配比是体积比，一般情况下为 1.5 ： 1。但从不同产地购进的石膏粉本身存在差异，因此，经验配比起着相当重要的作用。有时为了增加石膏溶液的流动性，可以适当多加一些水，但是水不能过多，因为水过多石膏溶液不易凝固，即便凝固以后也没有强度和硬度。如果利用石膏制作压型模具（参看第 8 章 \8.2 节中的相关内容），石膏粉的用量相对要多一些，或者在石膏溶液中加入适量的氯化钠（食盐），以增加石膏的硬度与强度。

2. 石膏粉与水的融合方法

01 先将适量的清水倒入容器内。

02 将石膏粉均匀、快速地撒入水中，如图 6.13 所示。

03 观察石膏粉撒入量，到液面时停止撒入，如图 6.14 所示。

如果撒入的石膏粉过少，石膏溶液凝固后的强度、硬度不高。如果撒入过多的石膏粉，石膏溶液的凝固速度加快，溶液流动性变差，不利于浇注。

图 6.13

图 6.14

04 等待石膏粉被水全部自然浸透以后，戴上橡胶手套沿同一旋转方向充分搅拌形成石膏溶液，如图6.15所示。

05 均匀搅拌后，振动塑胶容器使石膏溶液中的气泡上浮至液面，如图 6.16 所示。

注意：不要在撒入石膏粉的同时进行搅拌，这样容易将空气搅入石膏溶液中，使凝固的石膏中产生大量的气孔，还容易使凝固后的石膏硬度不均匀，这些都会影响加工质量。

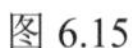

图 6.15

图 6.16

6.3.2 浇注石膏体的方法

01 将调和好的石膏溶液小流注入型腔中，如图 6.17 和图 6.18 所示。

图 6.17

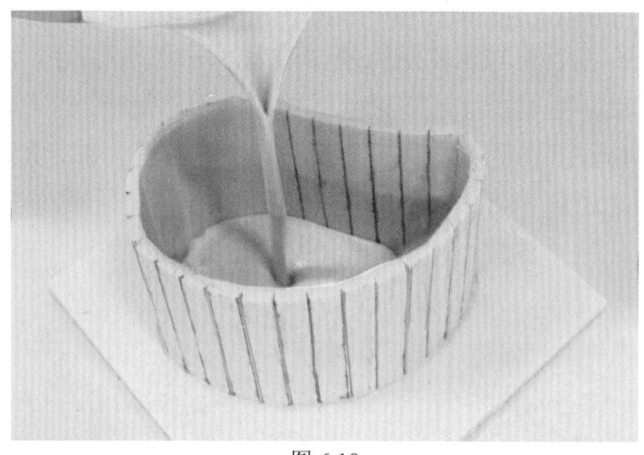

图 6.18

02 石膏溶液注入型腔以后，由于石膏溶液比较黏稠，可用手轻轻晃动底拖板或轻轻拍打侧围板，使石膏溶液的液面自然流平，如图 6.19 所示。

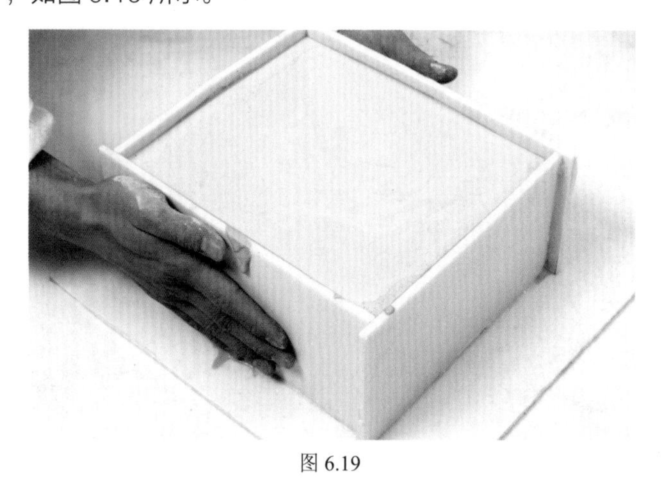

图 6.19

03 等到石膏凝固成型以后，打开侧围板，取出凝固的石膏体，如图 6.20 和图 6.21 所示。

图 6.20

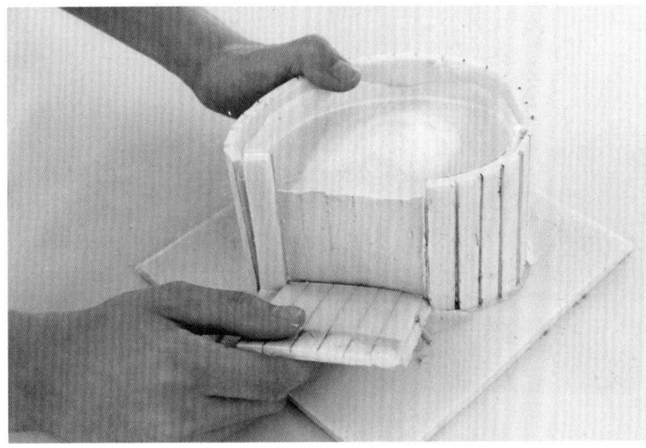
图 6.21

6.4　雕刻成型

雕刻成型是指在浇注成型的石膏体上通过削减操作来获取形态的过程。

6.4.1　沿主视图投影轮廓加工

1. 创建基准平面

首先创建一个基准平面，以该面为基础展开制作。使用锯条等带齿的工具将其中一个面刮削平整，刮削过程中随时使用直尺测量被刮削面的平直度，如图 6.22 所示。

2. 贴图

将主视图粘贴于被刮削过的表面。使用黏合剂粘贴图纸，注意图纸粘贴得要平整，不要出现褶皱现象，如图 6.23 所示。

图 6.22

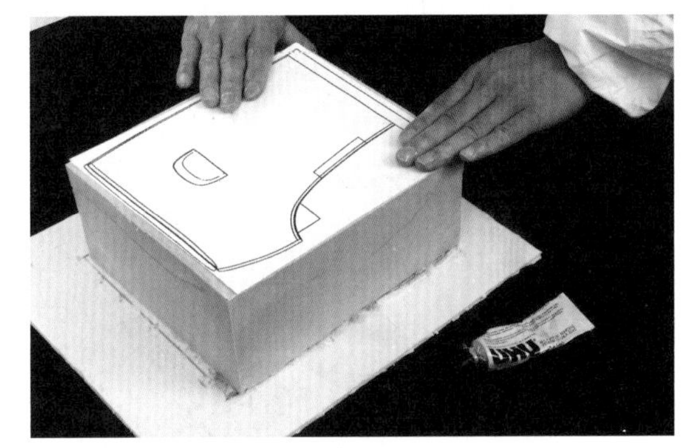
图 6.23

3. 切削

使用切割或切削工具沿着轮廓线的外沿去掉多余的部分，如图 6.24 所示。如果使用切割工具进行切割，经常在切割缝隙中注入一些水，可以有效减小切割的阻力。

4. 刮削

01 使用锯条带齿的一面进行刮削。

02 刮削过程中应采用交叉刮削的方法，这样既可提高刮削速度，又可以使被刮削面比较平滑。刮削过程中随时观察是否逐渐接近轮廓边缘，如图 6.25 所示。

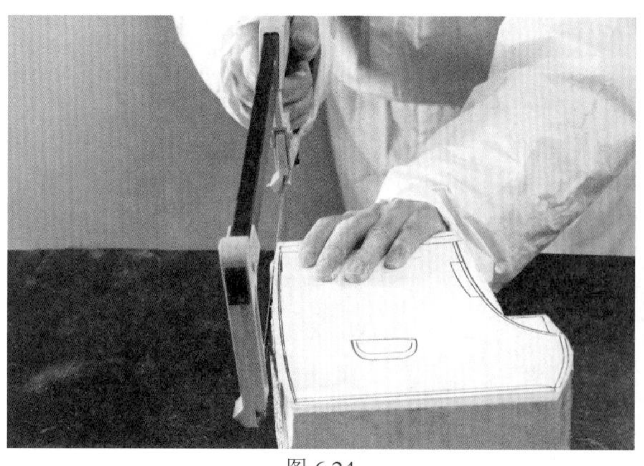
图 6.24

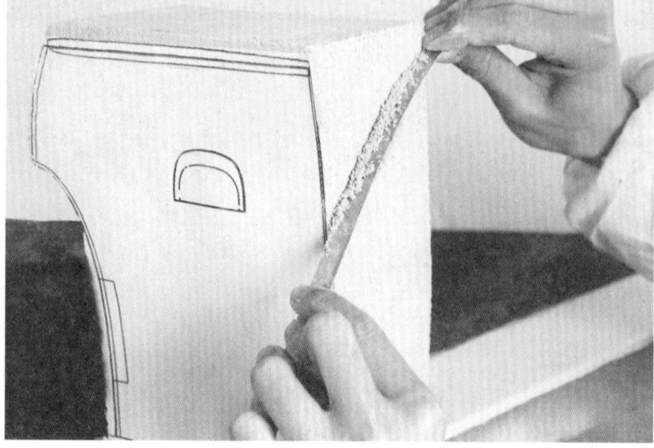
图 6.25

03 换用平口刮刀或锯条无齿的一面刮平刮削痕迹，如图 6.26 所示。

04 继续对相邻面进行刮削，方法如前不再赘述，如图 6.27 所示。

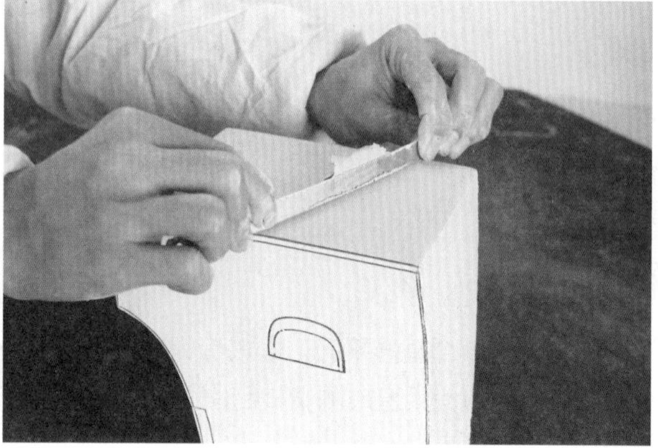
图 6.26

图 6.27

6.4.2 沿俯视图投影轮廓加工

1. 贴图

01 将俯视图粘贴于被刮削过的表面。

02 使用黏合剂粘贴图纸，注意图纸粘贴得要平整，不要出现褶皱现象，如图 6.28 所示。

2. 切削

01 勾画切割辅助线。沿俯视图投影轮廓勾画辅助线，以防止切割轮廓形状时发生位置位移，如图 6.29 所示。

也可根据实际加工情况将侧视图粘贴，用于辅助加工。

02 沿辅助线切割。使用切割工具沿着辅助线切割俯视图边

图 6.28

缘轮廓形状，切割时注意不要跑出线外，如图 6.30 所示。

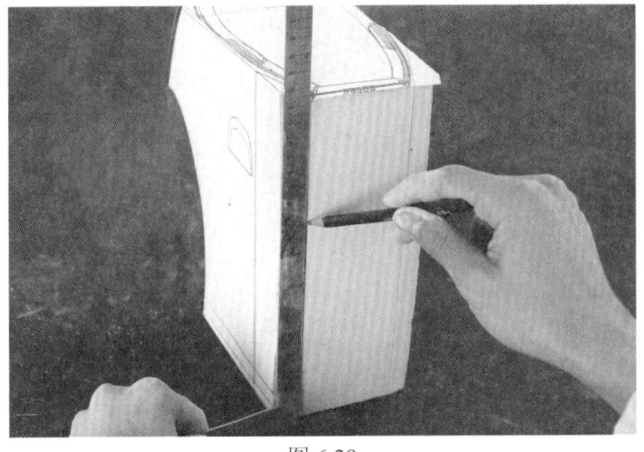

图 6.29

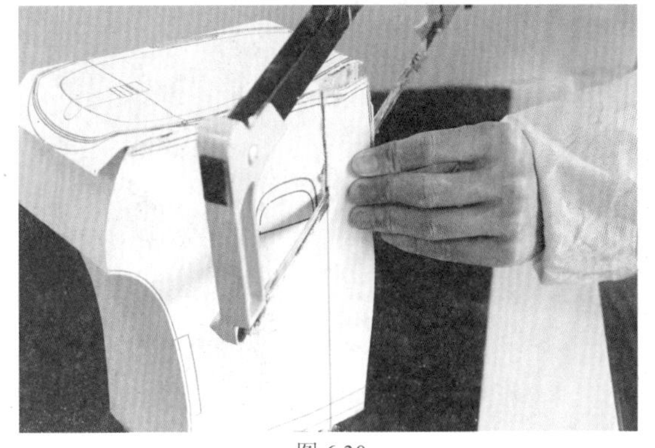

图 6.30

3. 刮削

01 先刮削被切割的部分，此时也可以将主视图贴图揭下来，沿着俯视图的外轮廓线进行刮削加工，如图 6.31 和图 6.32 所示。

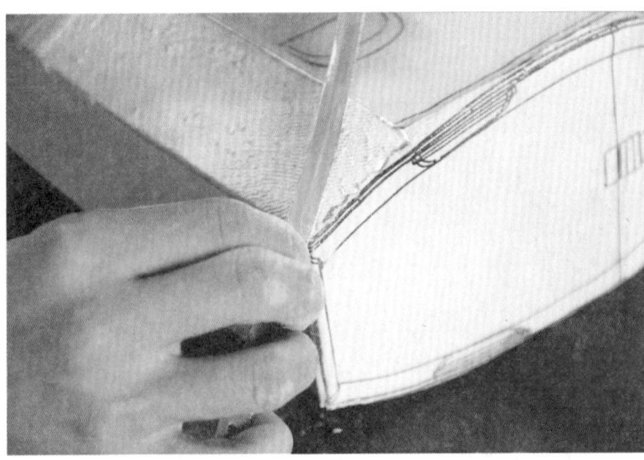

图 6.31

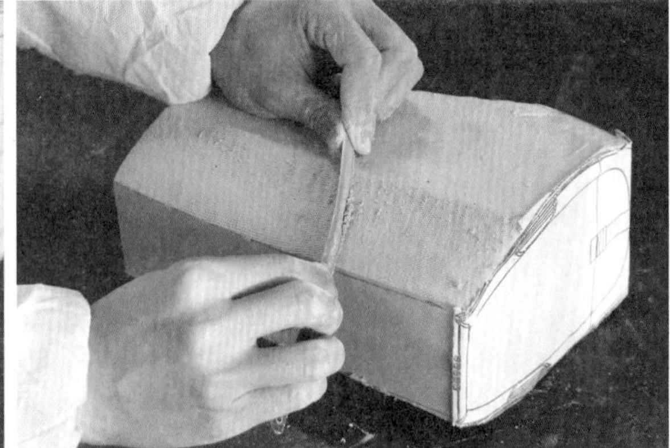

图 6.32

02 沿俯视图投影方向轮廓线进行加工，直至与轮廓线重合，如图 6.33 所示。

03 换用平口刮刀或锯条无齿的一面刮平刮削痕迹，如图 6.34 所示。

如果两个投影方向的视图轮廓还不能够完整界定出立体形状，可继续使用侧视图辅助界定形状，在此不做赘述。

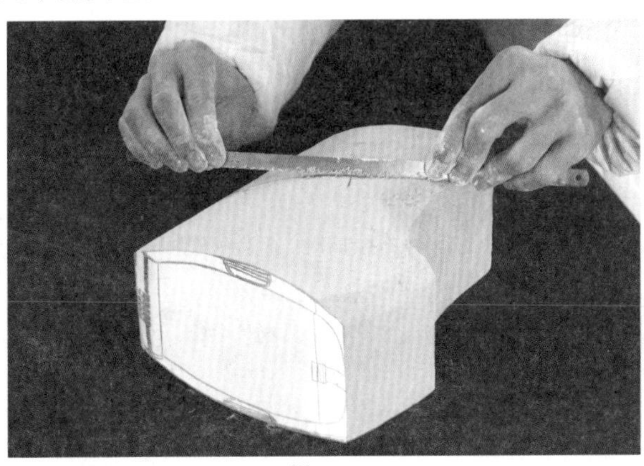

图 6.33

图 6.34

04 揭开粘贴的图纸，观察创建的形状是否符合设计要求，如果需要局部调整，可使用铅笔等画线工具绘制轮廓形状，继续对局部形状进行加工，逐渐达到设计要求，如图 6.35 和图 6.36 所示。

图 6.35

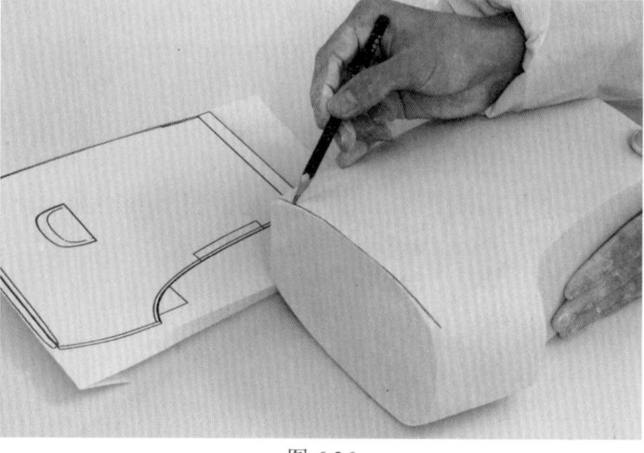
图 6.36

6.4.3 局部形状加工

1. 贴图

分别粘贴各投影方向视图，通过视图确定局部形态位置，如图 6.37 至图 6.39 所示。也可以参照视图，使用画线工具精确画出局部形状轮廓线。

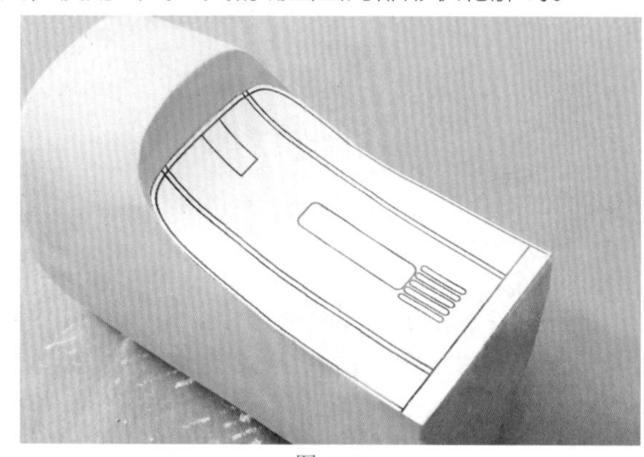
图 6.37

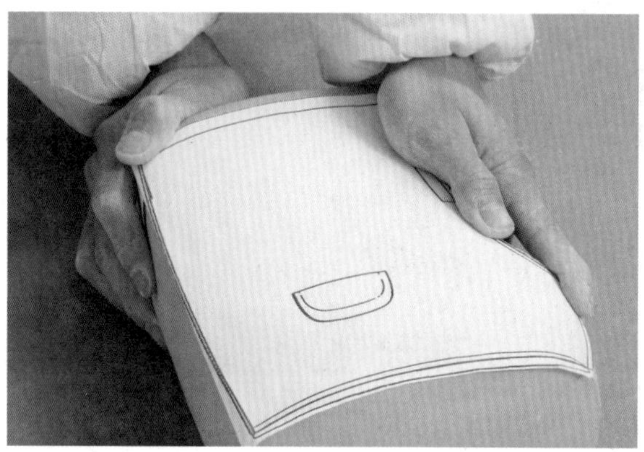
图 6.38

2. 各局部形状雕刻

使用刻刀、镂刀、电动雕刻机等工具对局部细节形状进行雕刻加工。为了便于形状加工，我们也可以自己制作一些小工具，如图 6.40 所示的工具是笔者本人使用废旧的锯条磨制的雕刻工具，既经济又方便使用。

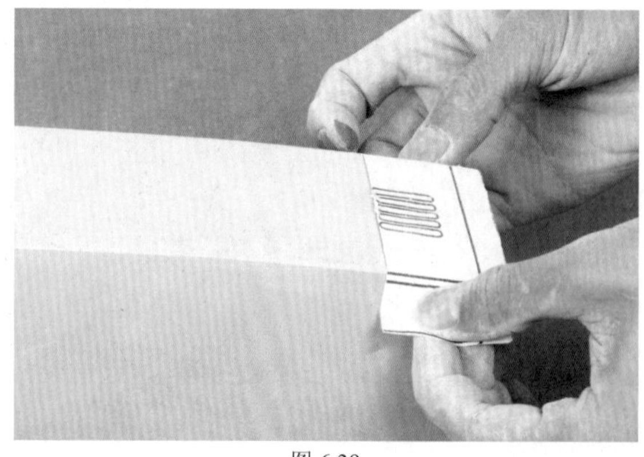
图 6.39

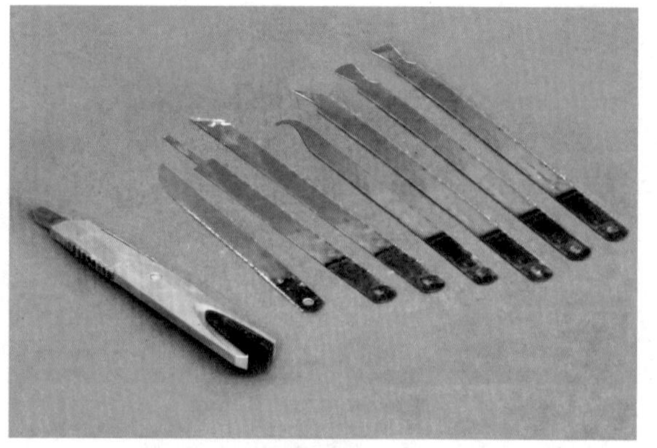
图 6.40

01 使用美工刀沿轮廓线将雕刻部位的图形镂空，如图 6.41 和图 6.42 所示。

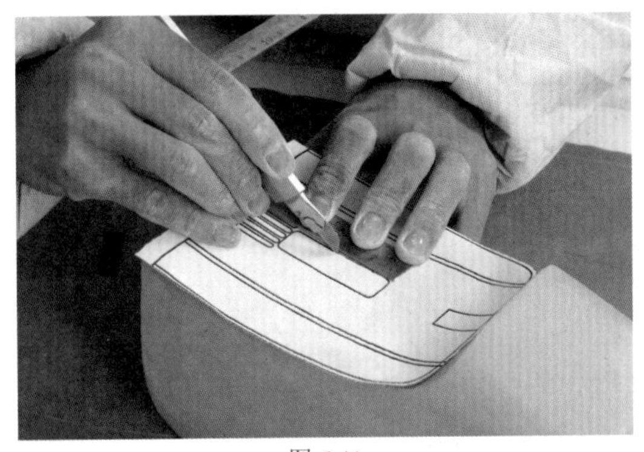

图 6.41

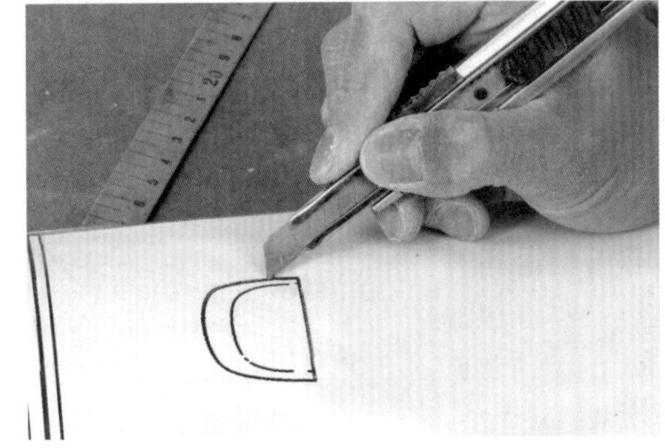

图 6.42

02 轻轻揭开图纸，观察刻画痕迹，如图 6.43 所示。

03 继续使用锋利的刻刀沿着刻画痕迹进行深度切割，如图 6.44 所示。

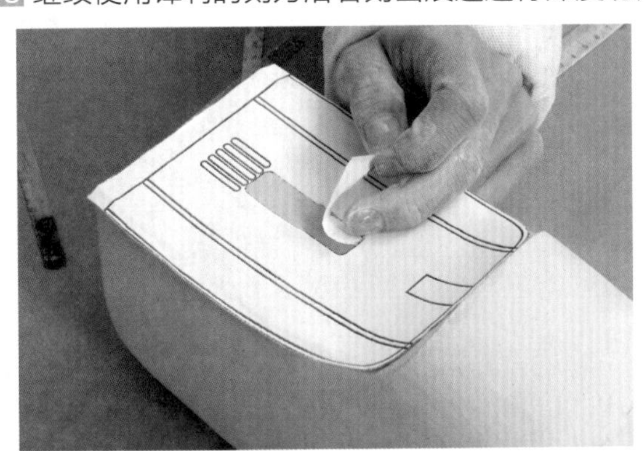

图 6.43

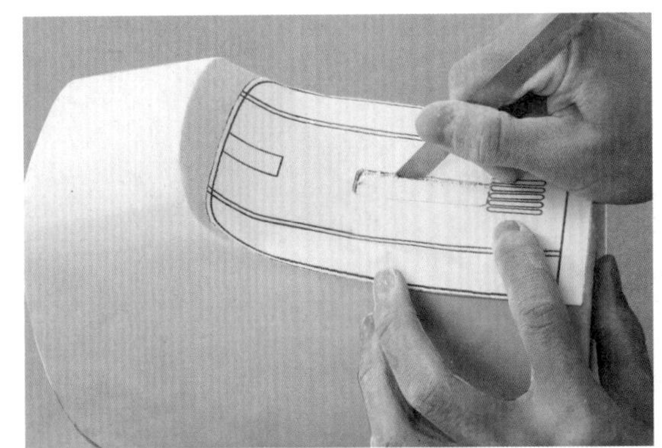

图 6.44

04 使用平口的刻刀加工凹槽的底平面，加工时力量均匀地推动刻刀，逐渐加工到一定深度，如图 6.45 所示。

注意： 加工过程中应随时使用度量工具测量轮廓形状尺寸是否符合要求。

05 使用小圆角的刻刀修饰两个面连接的圆角，如图 6.46 所示。

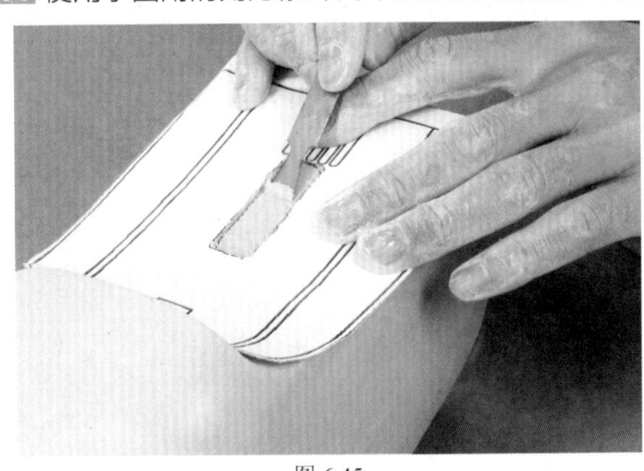

图 6.45

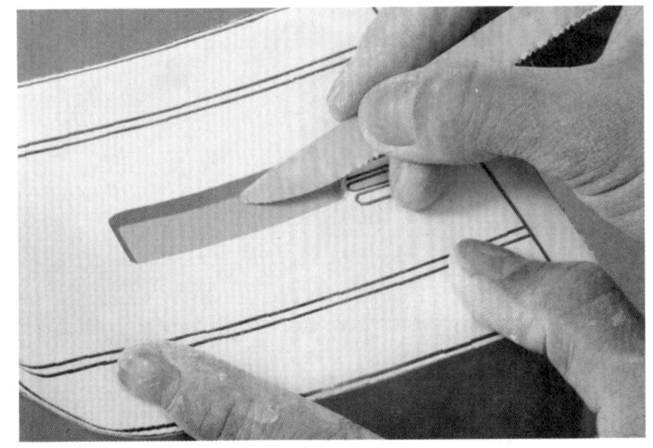

图 6.46

06 根据边缘形状选择适合的刀具进行加工，如图 6.47 所示。

由于自制刀具具有灵活性，在局部形状加工时，可根据轮廓形状随时在刷轮机上磨削出不同形状的刃口。

07 用光滑的刃口将刀痕刮平，如图 6.48 所示。

08 双手卡住凹陷部位，感受提起桌面饮水机时候手与凹陷部位接触时的舒适程度，如图 6.49 所示。如果感觉接触存在问题，继续调整此部位的形态。

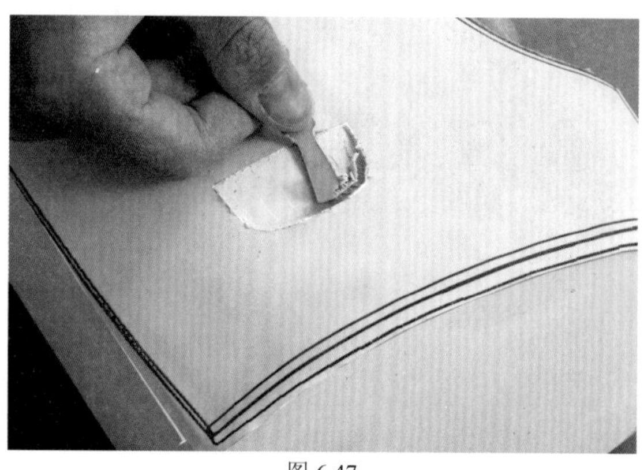
图 6.47

图 6.48

09 窄小的深槽可用电动雕刻机换用不同的刀头进行形状加工，如图 6.50 所示。

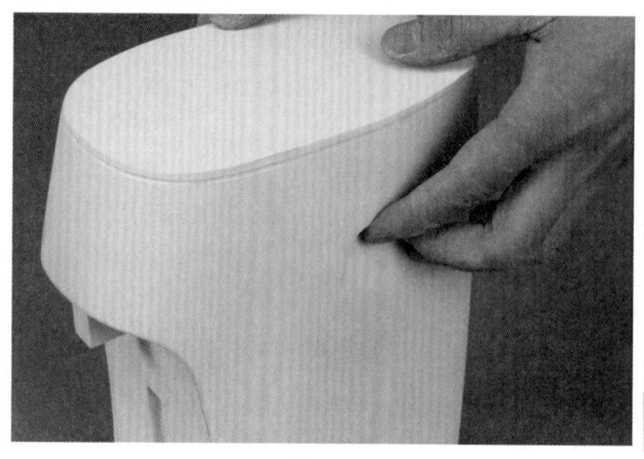
图 6.49

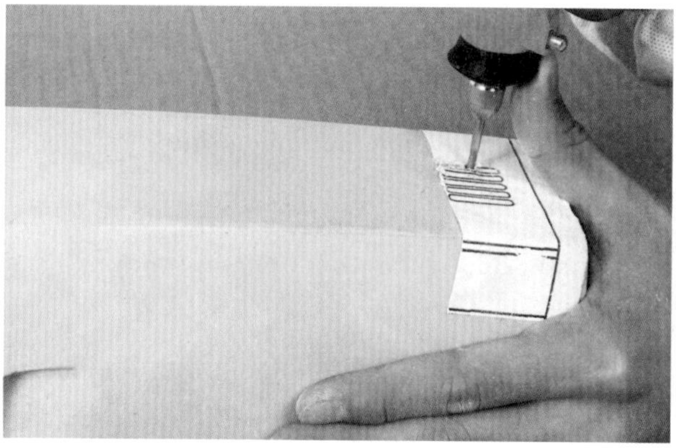

图 6.50

10 使用尖锐的刻刀将轮廓边缘修整平直，如图 6.51 所示。

3. 勾画结构线

01 参考投影视图在石膏体上使用画线工具画出结构连接位置线，如图 6.52 所示。

02 由于结构线比较细小，使用勾缝刀进行勾画时一定要小心细致，直至勾画出光滑流畅的结构线，如图 6.53 至图 6.55 所示。

图 6.51

图 6.52

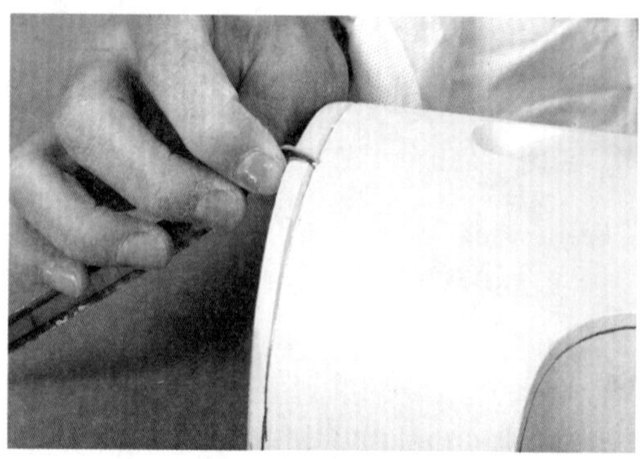
图 6.53

图 6.54

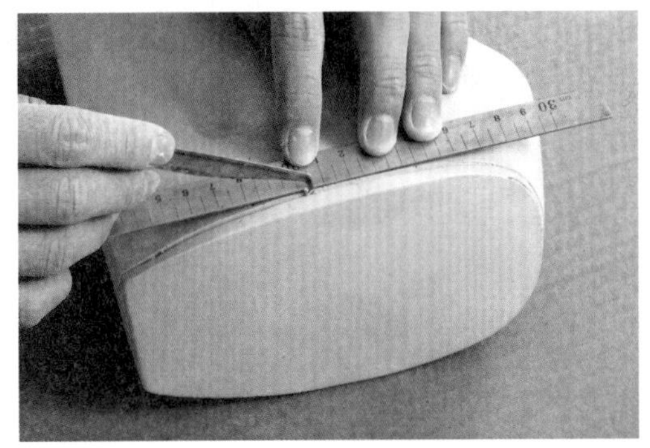

图 6.55

4. 打磨

精细塑造完成以后，将石膏体放在通风处等待干燥，如果有条件可以使用红外线烤箱加快石膏体的干燥速度。

01 石膏体干燥以后用细砂纸进行通体精细打磨，用砂纸卷上一块薄板进行打磨，容易使得表面顺滑，如图 6.56 所示。

02 面与面直接的结合部位用砂纸轻轻打磨，注意不要过力，如图 6.57 所示。

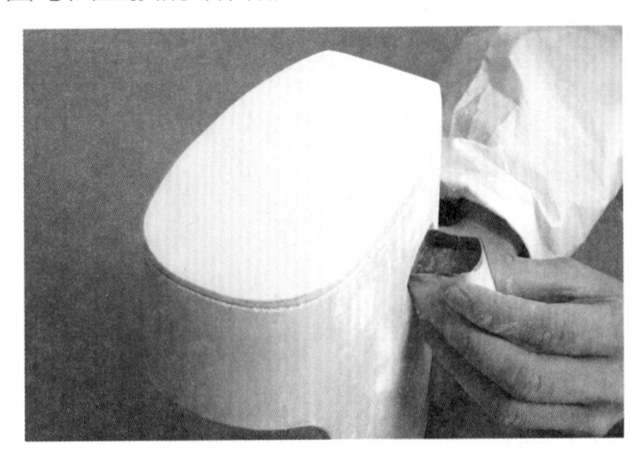

图 6.56

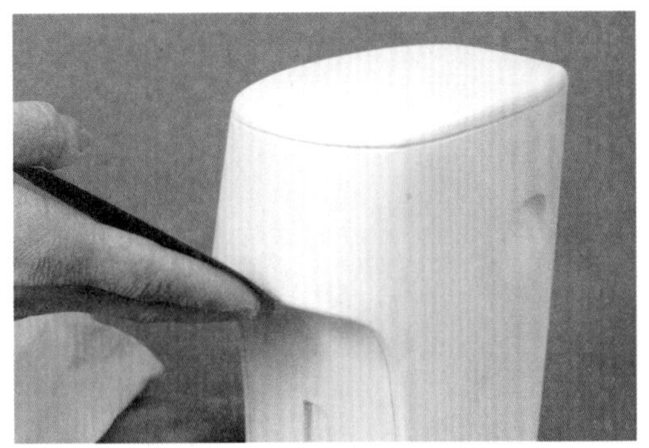

图 6.57

03 除去石膏粉尘，以备表面装饰。

04 至此，使用雕刻成型法完成石膏模型制作过程。

6.5　本章作业

思考题

简述石膏材料制作模型的方法与操作步骤。

实验题

1. 按照正确的步骤调和石膏溶液，浇注一个正方形石膏体。
2. 使用“雕刻成型”方法制作一个标准原型。

《第 7 章》

油泥材料模型制作

油泥材料是模型制作的常用材料，适于制作概念构思模型、功能实验模型等。关于油泥材料的特性请参阅第 2 章 \2.1 节中的相关内容。油泥加工的工具设备请参阅第 3 章 \3.1 节中的相关内容。

下面以电动自行车塑料护罩外观设计为案例，介绍油泥模型的制作方法与步骤。

如图 7.1 所示为已经设计完成的电动自行车车架，下面将在车架上使用油泥材料进行塑料护罩的整体形态设计。

图 7.1

如图 7.2 所示为使用油泥材料制作完成的电动自行车塑料护罩形态设计。

图 7.2

7.1　搭建油泥模型内骨架

进行油泥模型制作时，根据模型的体量大小一般要提前搭建内骨架，搭建内骨架的目的一是增强油泥模型的强度，二是既节约成本，又减轻了油泥模型自身的重量。内骨架通常采用质量较轻、具有一定硬度和强度的材料，聚氨酯硬质发泡材料是制作内骨架常用的材料，如图 7.3 所示。如果模型体量较大，还需要金属或木材组合搭建内骨架。

图 7.3

搭建体量比较小的模型内骨架，也可以采用更为轻质的材料作为内骨架，甚至骨架可以制作成一个实心体。本案例中使用了聚苯乙烯泡沫板搭建内骨架，如图 7.4 所示。

图 7.4

1. 确定内骨架尺寸

确定内骨架的长、宽、高基本尺寸。由于在内骨架的表面要贴附油泥，要小于既定的模型尺寸。一般情况下体量小的模型油泥层的贴附厚度控制在 2 cm 为宜，体量大的模型油泥层的贴附厚度应大于 5 cm 为宜，如图 7.5 所示。

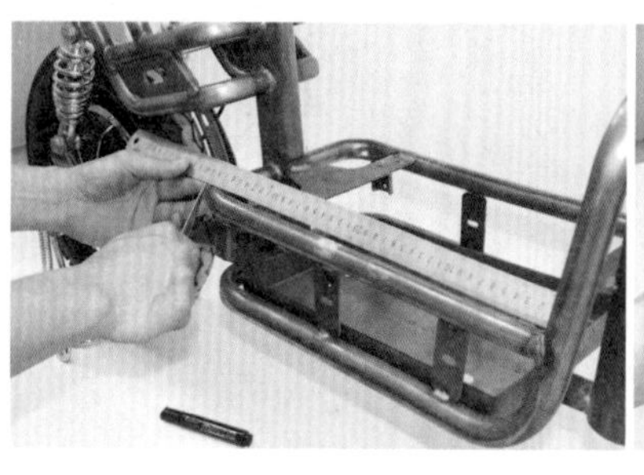
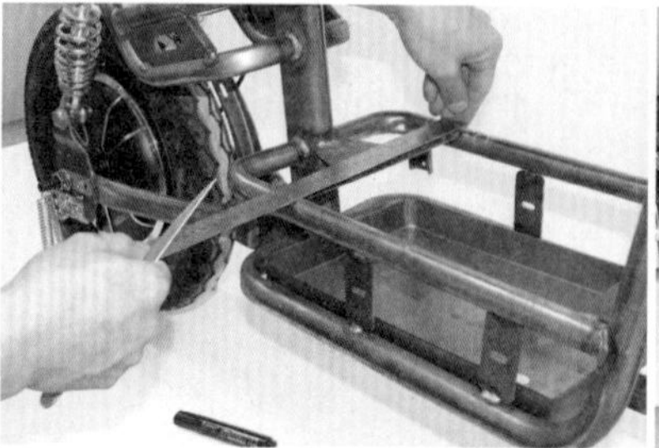

图 7.5

2. 搭建内骨架

01 在大块的聚苯乙烯材料上切割下具有一定厚度的片材，如图 7.6 所示。

02 按照测绘的尺寸和形状在片材上画出各局部基本形状，如图 7.7 所示。

图 7.6

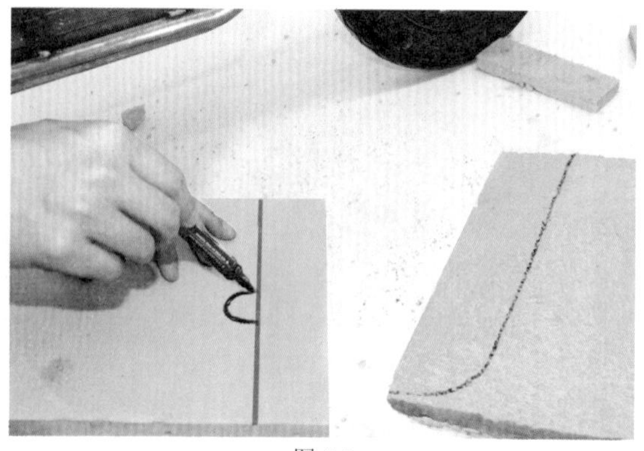

图 7.7

03 使用刀具或曲线锯等切割工具按绘制的线形切割成型，如图 7.8 所示。

04 用砂纸或锉刀将切割成型的边缘进行打磨，以备安装，如图 7.9 所示。

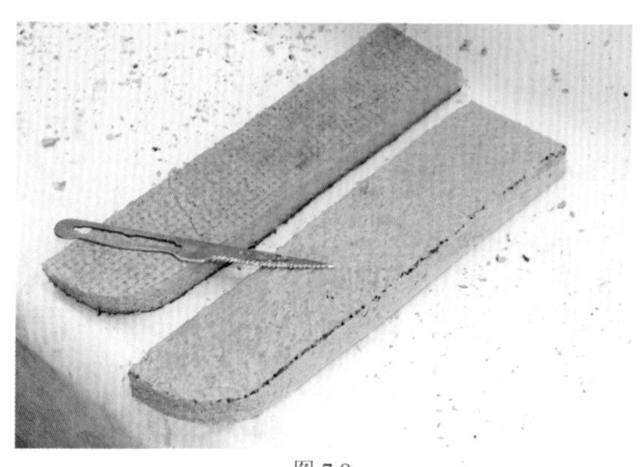

图 7.8

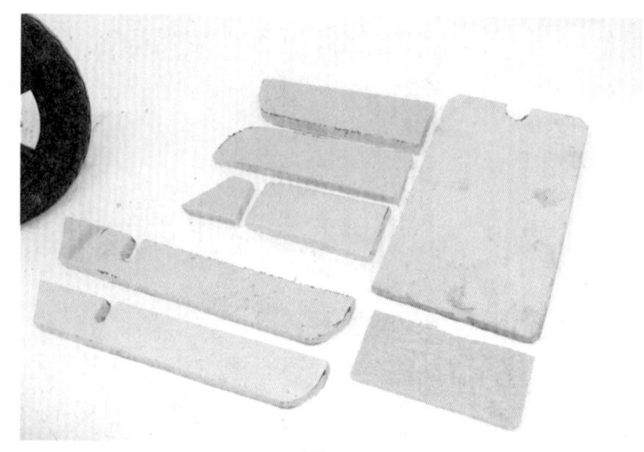

图 7.9

05 将预制好的各局部形状安装到相应位置，如图 7.10 所示。

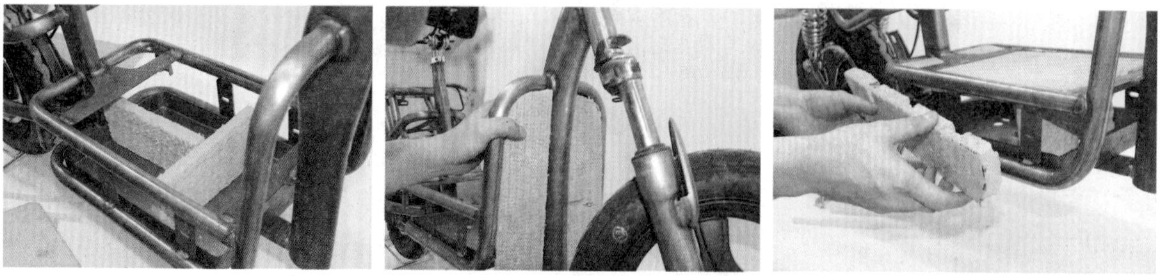

图 7.10

06 安装后使用热熔枪进行黏合，增加牢固性，防止板材脱落，如图 7.11 所示。

图 7.11

7.2　贴附油泥

1. 软化油泥

先将油泥整条放入工业油泥专用加热器或红外线烘干箱里加热软化，软化温度控制在 60℃为宜，如图 7.12 所示。

2. 贴附

01 从整条的油泥上取下一小块油泥。取下油泥时要触摸一下油泥的温度，防止油泥在加热过程中由于温度过高而烫伤皮肤，如图 7.13 所示。

图 7.12

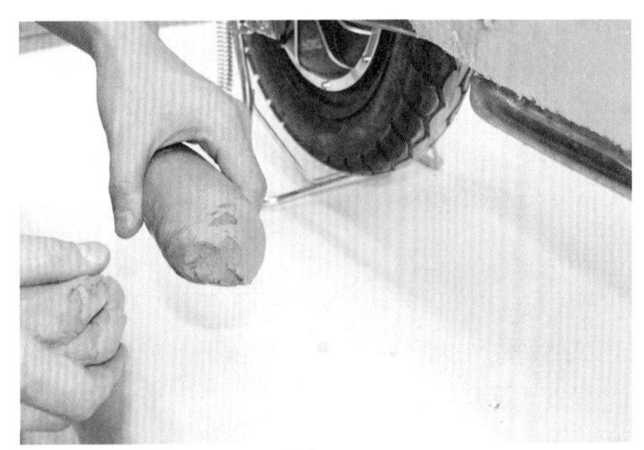

图 7.13

02 将取下的油泥用双手搓成细长条，将油泥快速按压在骨架的表面，如图 7.14 所示。

03 用手指将油泥条向两侧碾压，碾压时要压紧、压实，使之与骨架表面粘贴牢固，如图 7.15 所示。

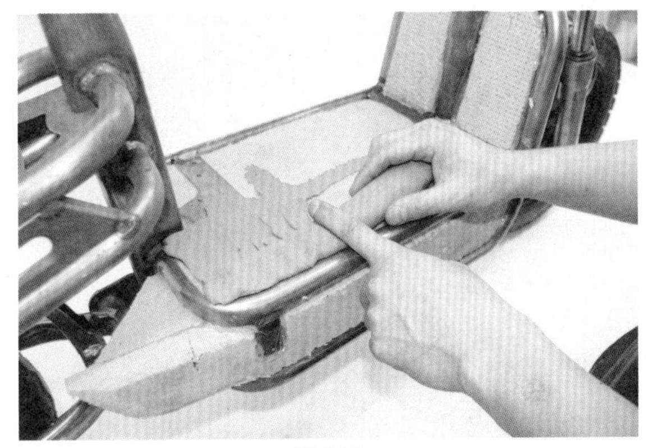

图 7.14

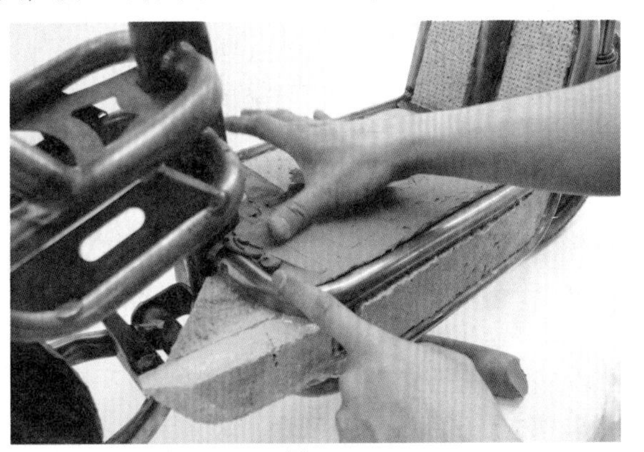

图 7.15

04 按次序逐渐将油泥满铺于骨架表面，如图 7.16 所示。

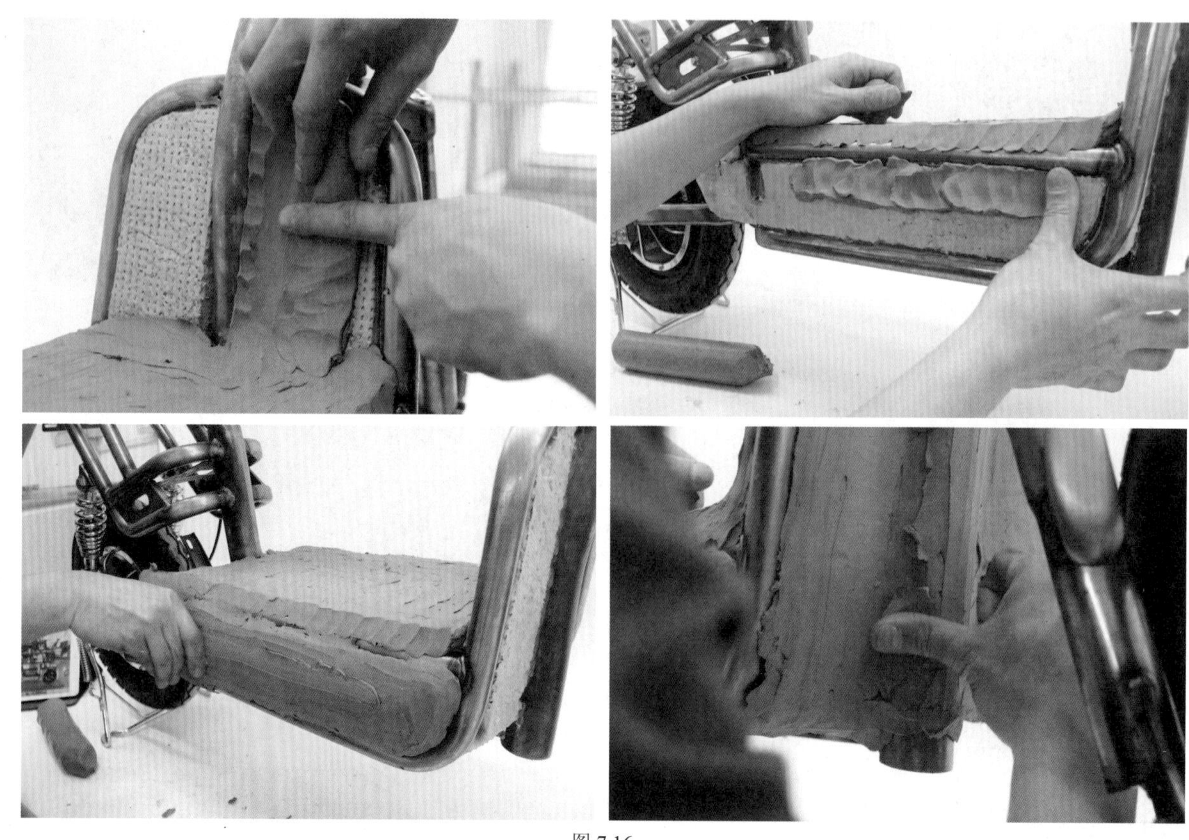

图 7.16

05 由于油泥的贴附不可能一次完成，需要多层贴附才能达到一定厚度。当贴满一层以后，根据厚度要求继续进行下一层的贴附。一般情况下，根据模型体量大小控制油泥层厚度在 10 ~ 50mm 为宜，如图 7.17 所示。

06 快速贴附时可能会使表面凹凸不平，应当及时找平油泥层，否则，在进行下一次贴附的时候，由于上一次贴附的油泥已经变硬，凹凸不平的表面给下一次的贴附带来很大不便。所以每一次贴附尽量要使油泥层表面平整，如图 7.18 所示。

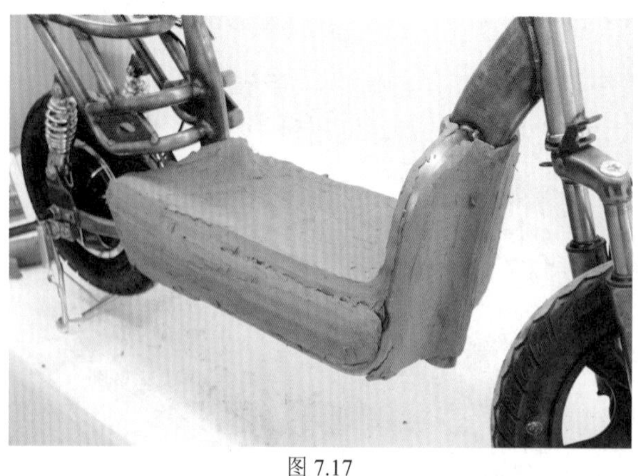

图 7.17

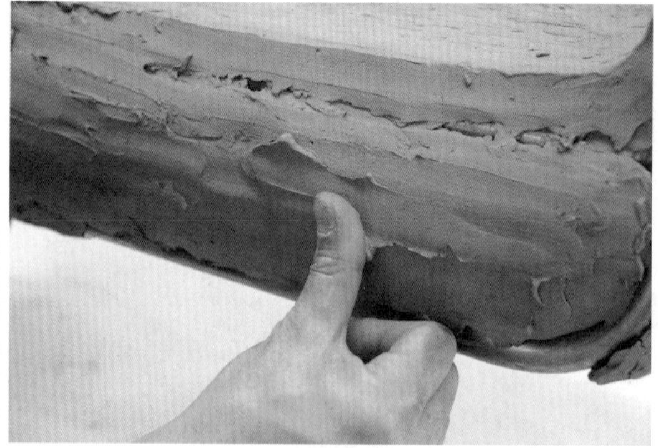

图 7.18

07 使用拇指推动或食指拉动油泥这两种方法进行贴附，可以获得比较平整的表面。方法是取下一小块柔软的油泥轻轻按压在表面，然后用拇指匀速推动（如图 7.18 所示），或用食指匀速拉动，可以快速找平油泥层，如图 7.19 所示。

图 7.19

注意：由于软化的油泥温度相对比较高，加上快速推动或拉动油泥时，手指与油泥相互摩擦会产生更高的热量，操作时要特别注意，可以套上橡胶手指套进行操作以防烫伤手指。贴附过程中如果油泥逐渐变硬，要放回红外线烘干箱里重新加热，软化后再继续使用。

7.3　形态塑造

7.3.1　形态的粗略塑造

1. 绘制形状

根据概念构思初期分析与研究的内容，在油泥表面绘制形状。使用绘制工具在油泥表面勾画出各局部形态的大致形状与边缘轮廓线，如图 7.20 所示。

2. 界定形态尺寸

在绘制过程中，使用游标卡尺、直尺等度量工具随时度量与界定形态的尺寸与位置，如图 7.21 所示。

图 7.20

图 7.21

3. 塑造基本形态

1）切割基本形

各局部形态勾画以后，使用刀具沿边缘轮廓线将多余的泥料切除，塑造基本形态，如图 7.22 所示。

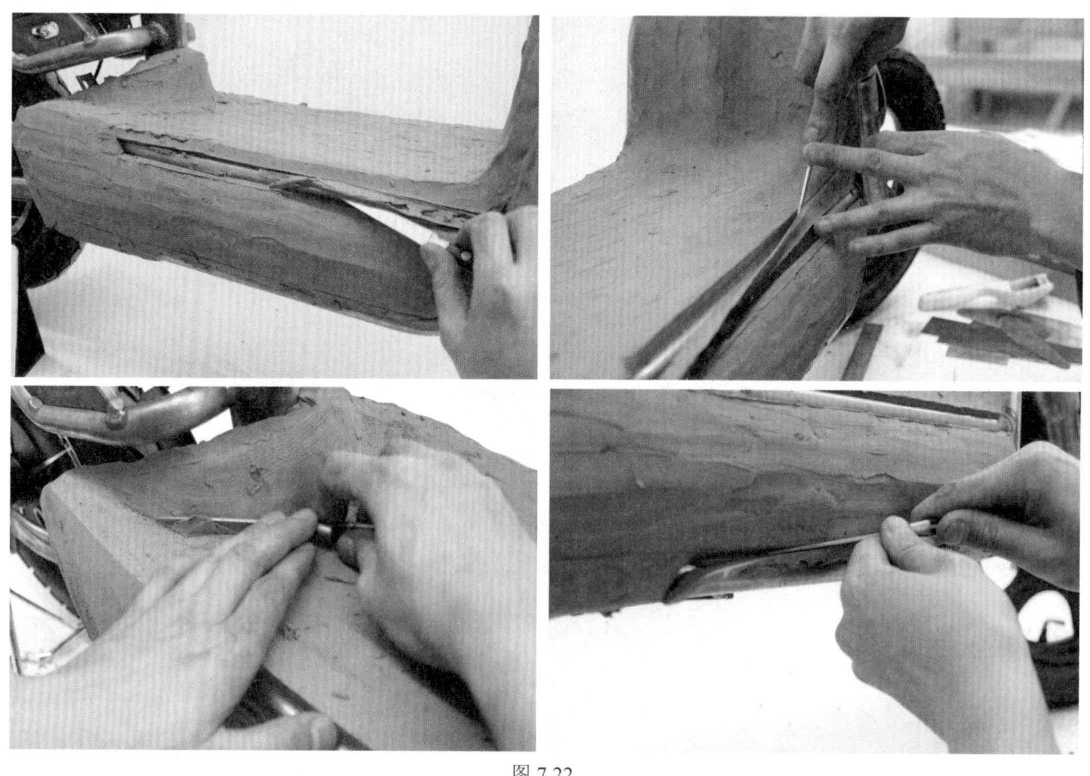

图 7.22

2）刨削

01 首先使用平面刨刀进行初始形状塑造，对粗糙不平的油泥表面进行通体刨削。使用刨刀进行粗加工，可以快速获取比较顺滑的表面，如图 7.23 所示。

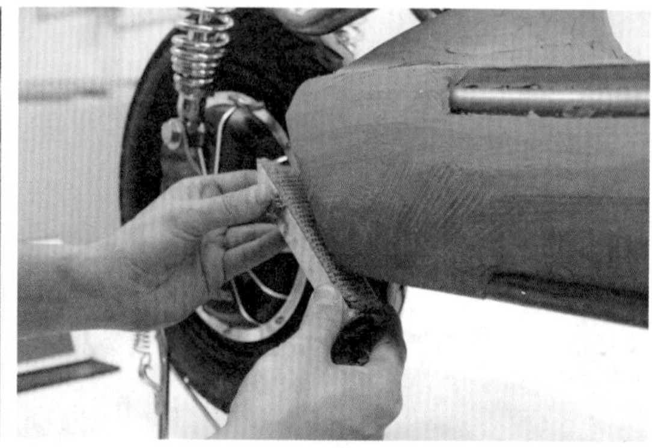

图 7.23

02 遇有内凹面时，可换用弧面刨刀进行刨削加工，如图 7.24 所示。

3）刮削

01 对油泥表面通体刨削加工以后，换用有锯齿刃口的刮刀继续进行深加工。

使用刮刀进行刮削时要采用正确的操作方法，即：下一刀与上一刀的刮削方向呈交叉形状，使用交叉刮削的方法更容易获得平整、顺滑的表面。初学者在刮削时可双手把持刮刀进行刮削，如图 7.25 所示。

图 7.24

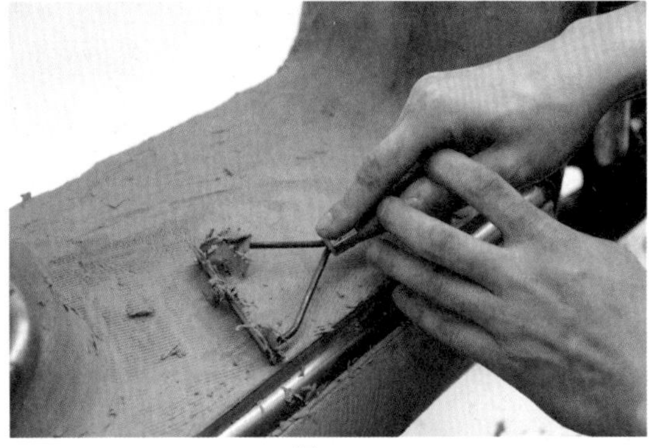

图 7.25

02 根据加工的形状和位置不同，可换用有锯齿形刃口的刮刀、刮片通体粗刮油泥表面，继续对各局部形态进行深入塑造，如图 7.26 所示。

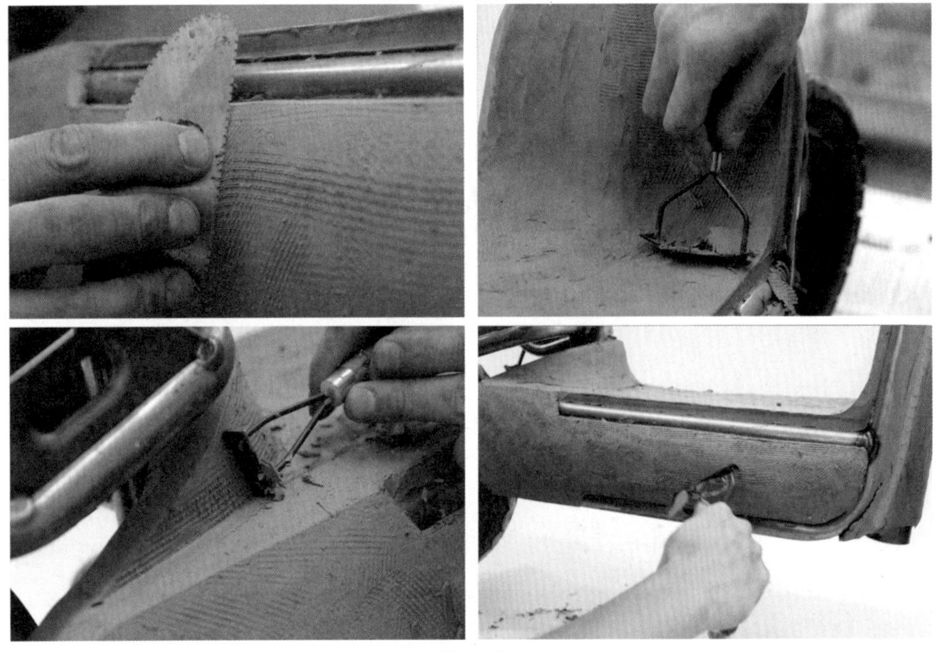

图 7.26

03 刮削过程中，如果在被刮削面上发现有局部凹陷的地方，及时用软化的油泥填补凹陷部位，继续用刮刀将填补的部位刮平，如图 7.27 所示。

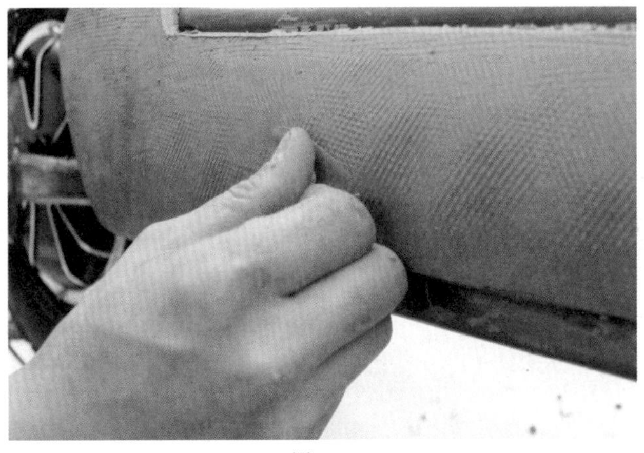

图 7.27

7.3.2 形态的精细塑造

1. 面的形态塑造

在形态设计中，面的变化会影响到整体形态的确立，因此，在面的塑造过程中，要仔细推敲各面的形态变化，仔细考虑面与面之间的变化关系，逐渐加工成形。

1）塑造平面

加工平面时，使用平口的刮刀或金属刮板等刮削工具进行加工。

为了保障被加工面的平整度，加工过程中应随时使用有直边的尺子等平直的工具测试面的平整程度。方法是将尺子垂直放置于油泥表面，仔细观察尺子与平面之间是否存在缝隙；继续变换尺子的方向进行观察，如果尺子放置的每个方向与油泥表面之间都不存在缝隙，证明此面已经刮削平整，如图 7.28 所示。

图 7.28

2）塑造曲面

面的形态有平面和曲面，平面加工比较容易，当进行曲面的形态塑造时，通常需要借助自制的截面轮廓模板来界定形状，以此获得准确的曲面形状。

01 截面轮廓模板所用的材料要使用具有一定厚度且平整、质硬的薄板材进行制作，如硬卡纸、塑料板等。先在薄板材上画出与工作台面坐标线尺寸相同的坐标格，并标记坐标位置，如图 7.29 所示。

图 7.29

02 根据设计构思精确绘制各局部形态轮廓线。在 X、Y、Z 三个正投影方向上，根据形态界定的需要可制作多块截面轮廓模板，如果在不同的坐标位置绘制的截面轮廓越多，那么，曲面形状界定也更加准确。制作时按构思要求仔细推敲各局部的形状变化曲线，如图 7.30 所示。

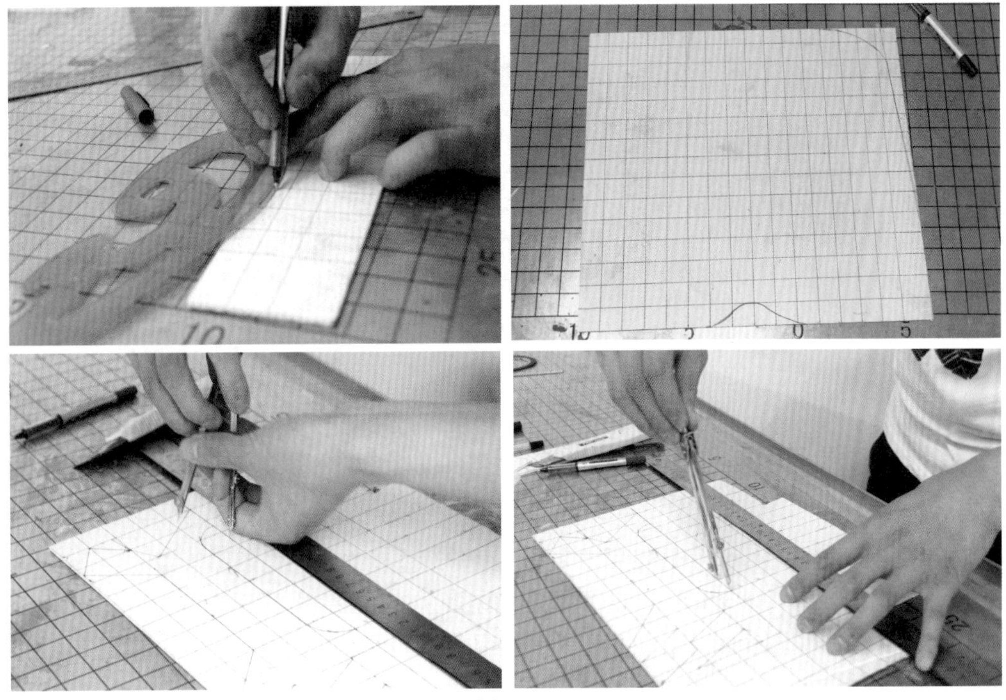

图 7.30

03 使用刀具或切割工具沿绘制的线形进行切割，切割后使用锉刀将切割痕迹进行锉削，再换用细砂纸打磨截面轮廓模板的边缘，使边缘更加光滑、平顺，如图 7.31 所示。

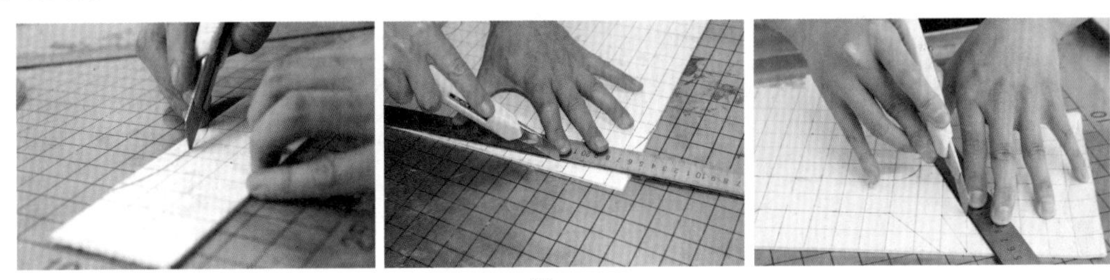

图 7.31

04 模板制作完成以后要编号保存好，以备使用。使用过后要妥善保存，为以后的产品制图做参考，如图 7.32 所示。

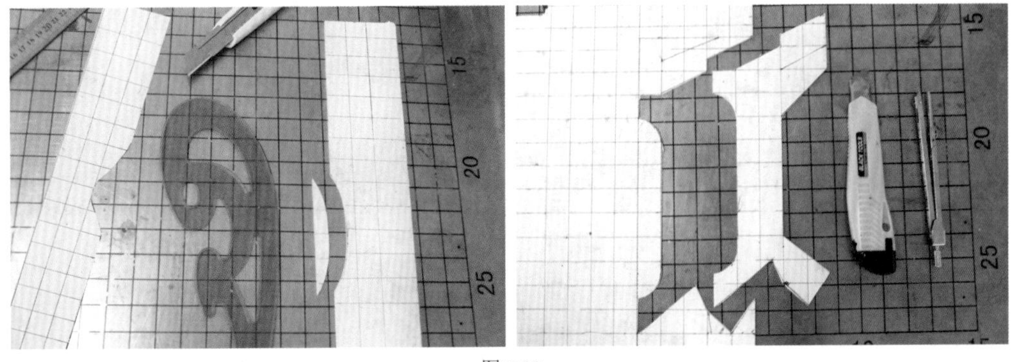

图 7.32

05 先使用平口的刮刀将粗刮时的刀痕刮削掉。根据面的造型变化，选用不同型号的直面、弧面刃口的刮刀或金属刮板进行加工操作，如图 7.33 所示。

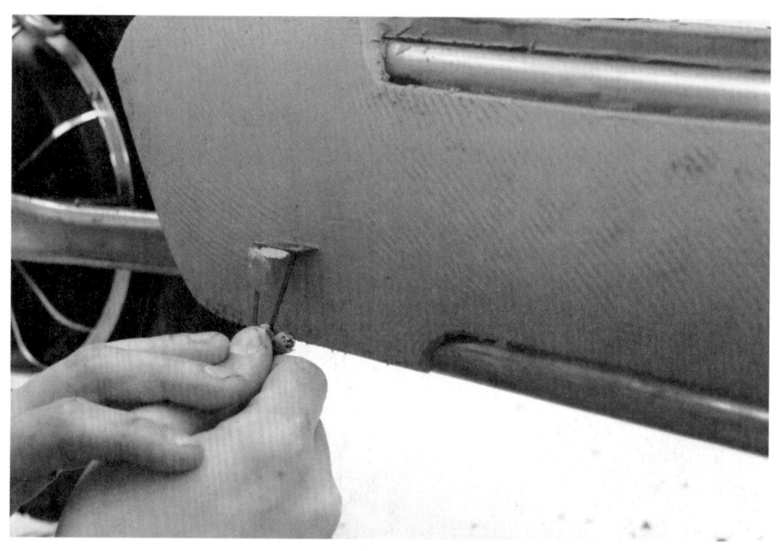

图 7.33

06 在曲面的精细刮削过程中，要随时使用自制的截面轮廓模板界定曲面的形状变化，随时观察模板轮廓与油泥表面的重合状况，如有凸起的地方要逐渐刮削多余的部分，如模板边缘与油泥表面出现空隙，需要使用软化的油泥在周围进行贴补，之后继续进行刮削，直至加工到模板的轮廓与被刮削面相重合，如图 7.34 所示。

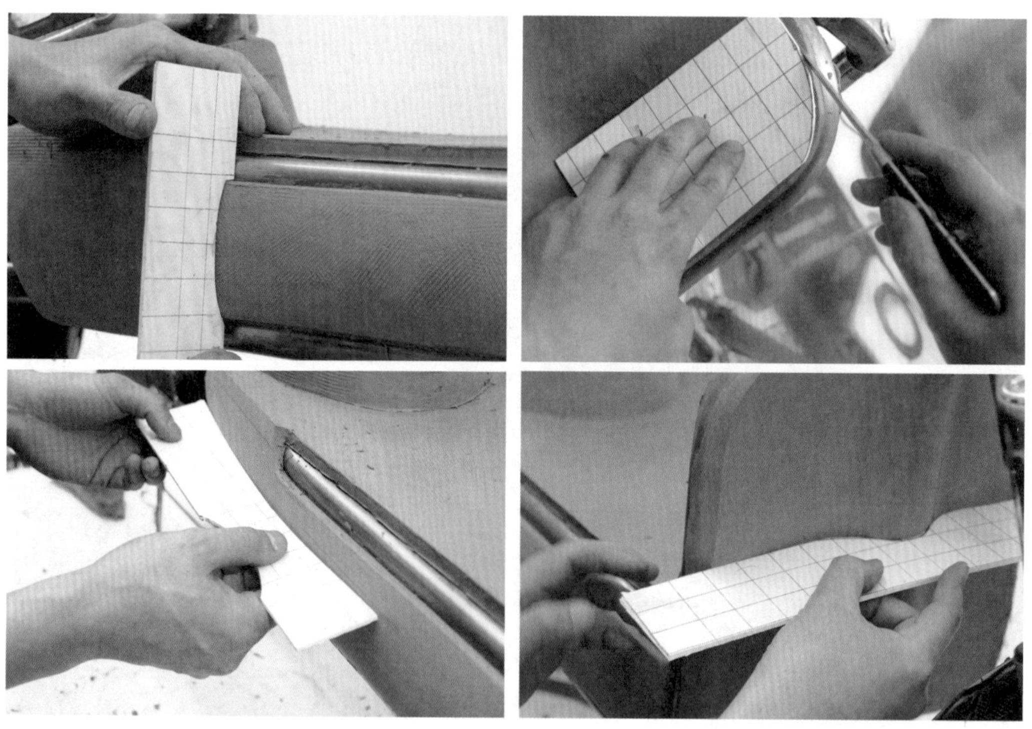

图 7.34

注意：①如果局部的截面轮廓模板越多，曲面形态界定越准确。②模板在使用过程中可以根据设计变化，及时调整模板边缘曲线形状，便于重新界定曲面形状。

07 如果被刮削面比较宽大，为了使刮削的表面光滑、顺畅，可以换用金属刮片进行刮削，如图 7.35 所示。

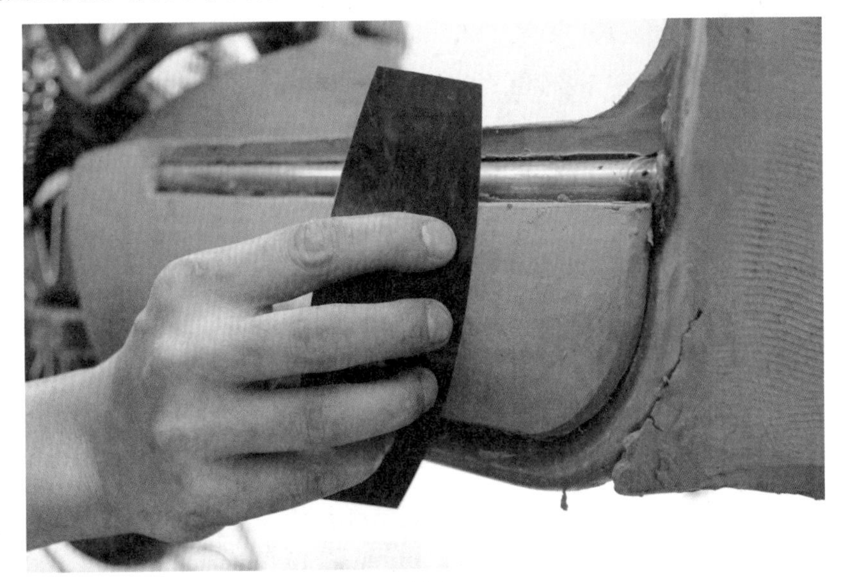

图 7.35

使用金属刮板刮削油泥表面，动作要流畅，用力要舒缓、均匀，金属刮板与油泥表面要形成一个夹角。刮削时手指轻弯刮片，形成与被刮削面相同的弧度进行刮削。

2. 边缘的形态塑造

加工面的边缘形状时，通常使用构思胶带来界定面的边缘形状。前文讲到构思胶带具有两个作用：一是通过胶带界定加工轮廓；二是胶带可以作为加工界线。

01 换用一种颜色比较醒目的胶带粘贴一条中心线，以此线作为整体形态的加工基准线或进行对称形状加工的镜像线备用，如图 7.36 所示。

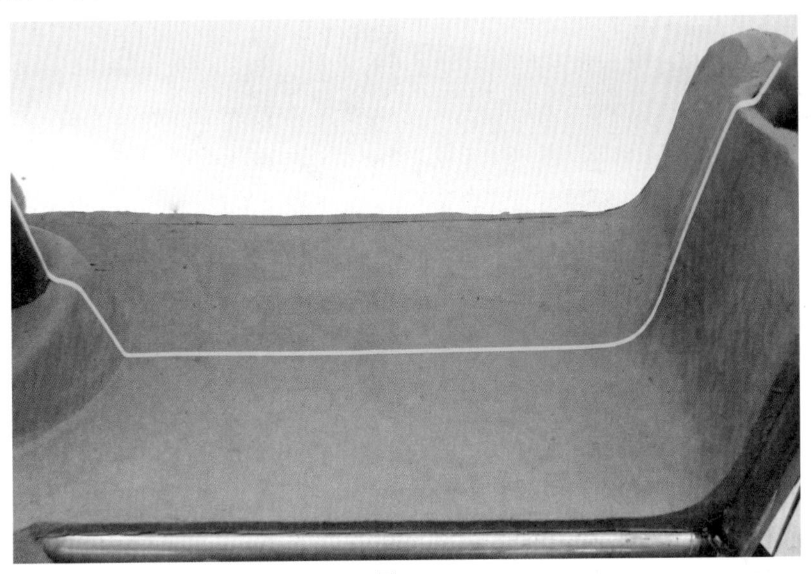

图 7.36

02 选择一个面作为基准面进行加工。在基准面上先确定一条基准线。使用画线工具在确定该基准线的基准位置以后勾画出线形，如图 7.37 所示。

03 沿该勾画出的线形粘贴一条构思胶带，作为该面边缘的加工基准线，如图 7.38 所示。

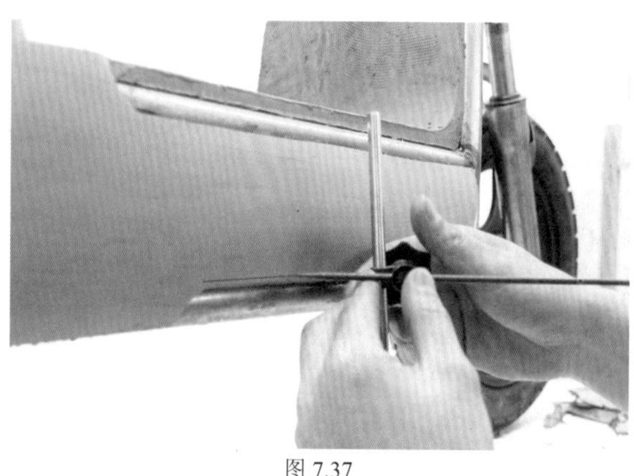

图 7.37

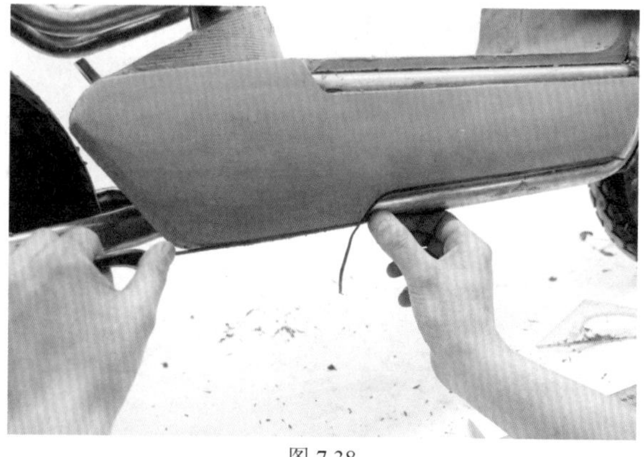

图 7.38

04 以该线形为基准，按形态设计构思细节要求，用构思胶带继续确定该面其他部位的边缘形状。过程中使用度量工具界定构思胶带粘贴的位置和位置尺寸，如图 7.39 所示。

边缘形状确定以后，如果感觉某局部的轮廓线形变化不太理想，可以重新揭开胶带调整轮廓线形。

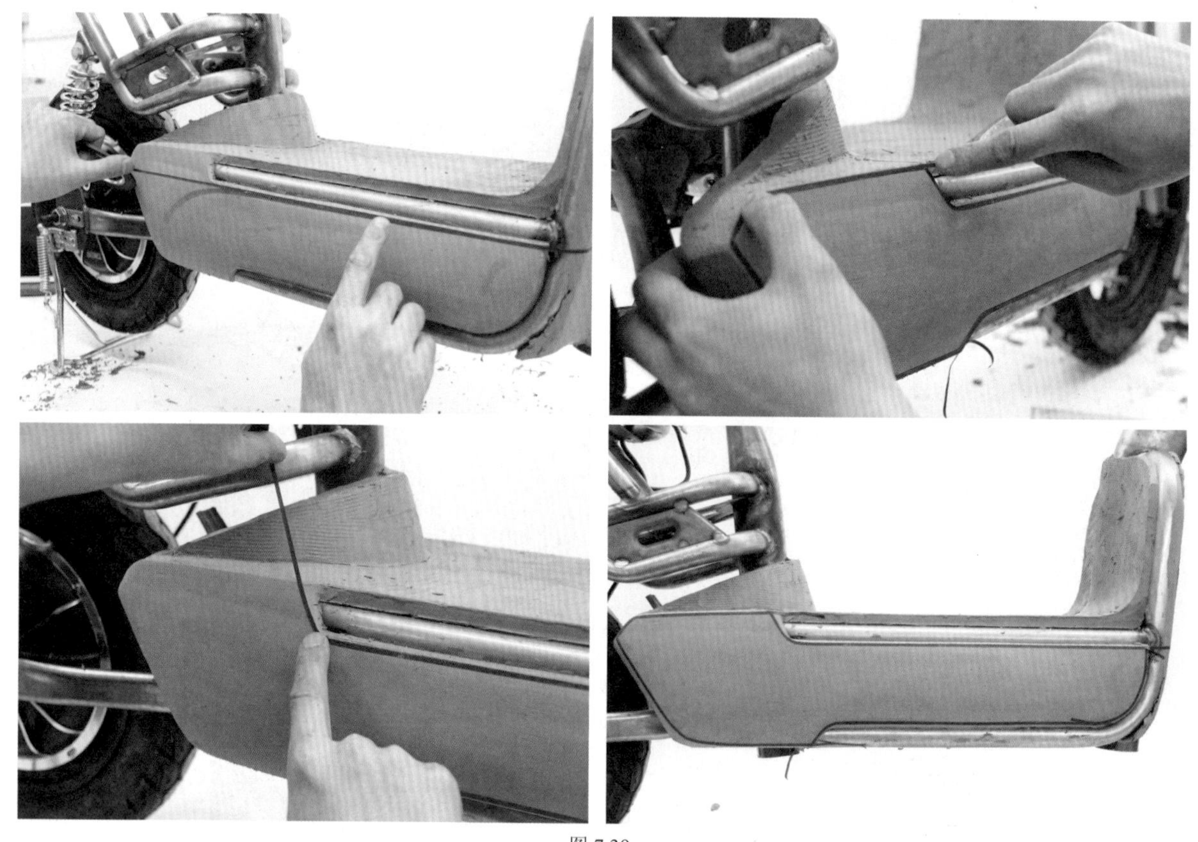

图 7.39

05 边缘形状达到设想要求以后，使用镂空刀具或较小的平口刮刀进行精细加工塑造。刮削时匀速轻刮，吃刀量不可太深，刮削量要小，不要急于求成，逐渐刮削到构思胶带的边缘，如图 7.40 所示。

构思胶带比较坚韧，不易被刮刀损坏。但要注意刮削时刮刀应该沿着胶带向内侧进行刮削，如果向胶带的外侧刮削则容易使胶带脱落。

06 基准面的边缘形状加工完成以后，继续对相邻面的边缘进行塑造。以基准面的边缘为参照，使用构思胶带按设计要求将相邻面的边缘形状粘贴成形，如图 7.41 所示。

07 继续精细刮削相邻面的转折界线，直至达到设计要求，如图 7.42 所示。

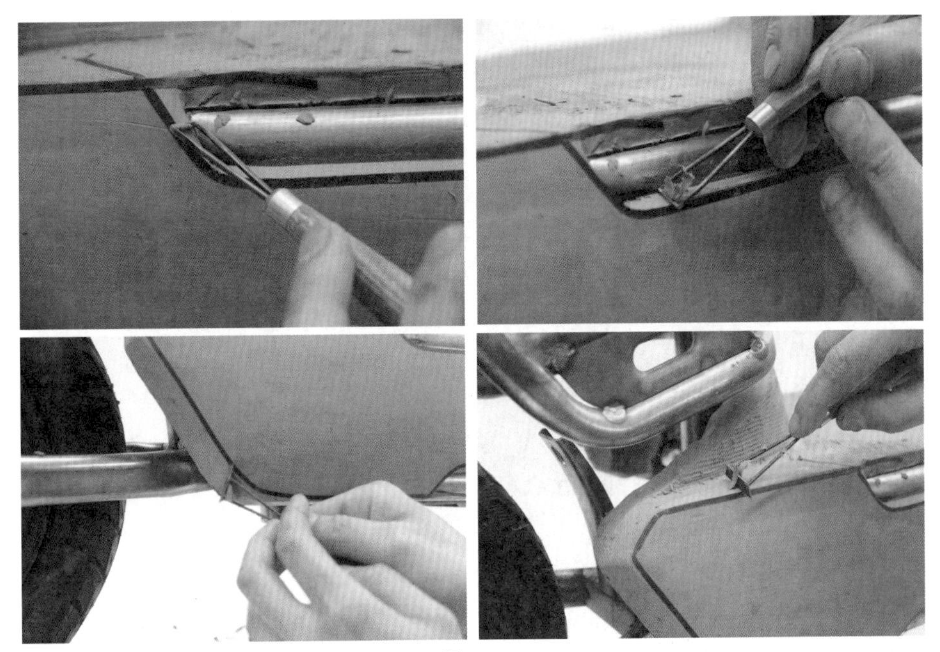

图 7.40

图 7.41

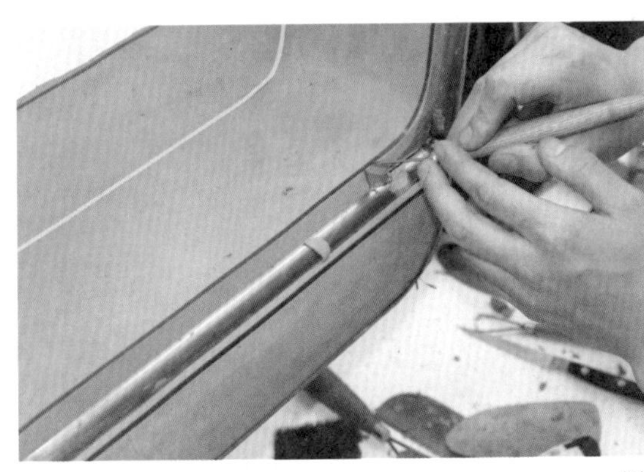

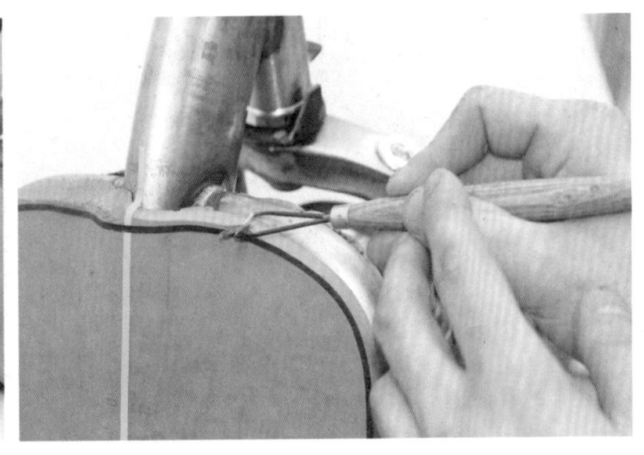

图 7.42

08 面的边缘形态塑造完成以后，还要对边缘的转折角进行塑造。大小不同、形状不一的角会对整体形态变化产生重要的影响，角的细节处理能够使转折面之间产生不同的衔接效果。使用构思胶带将转折角的位置进行界定，使用刮刀逐渐刮削成形，如图 7.43 所示。

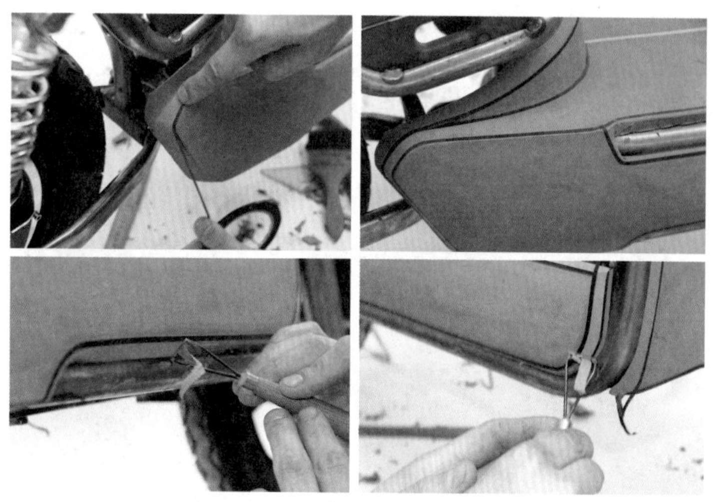

图 7.43

如加工圆弧角，可提前制作好圆弧角的模板，进行刮削加工。

3. 凹陷形态的塑造

01 使用提前制作好的模板画出轮廓形状，如图 7.44 所示。

02 也可使用构思胶带粘贴出预想的形状，或随时调整构思的形状，如图 7.45 所示。

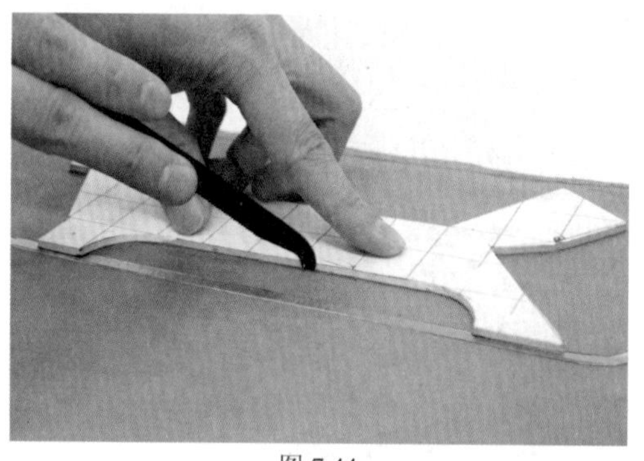

图 7.44

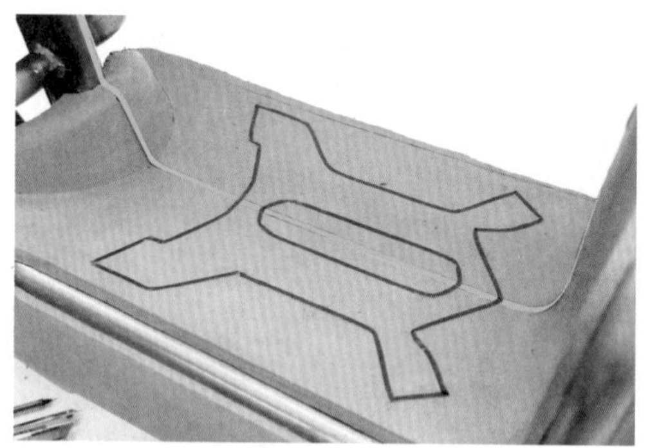

图 7.45

03 使用镂空刀具沿着模板或构思胶带的边缘进行镂切操作，加工时用力要轻缓，镂切量要小，经过多次操作逐渐镂切出凹陷形状，如图 7.46 所示。

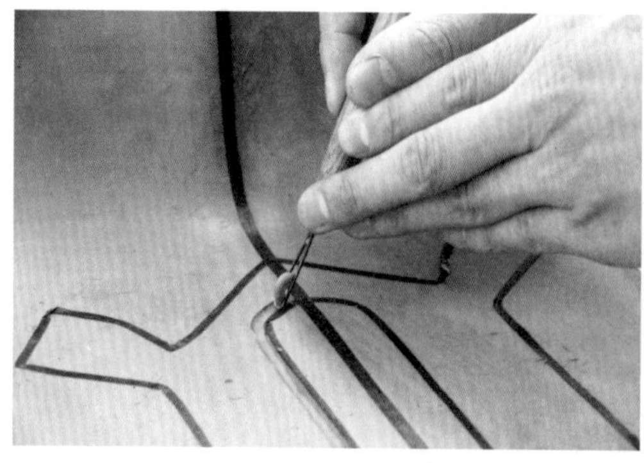

图 7.46

4. 油泥表面压光

形态塑造全部完成以后，还需要对油泥表面进行压光处理。目的是去除刀具造成的很多细小刮痕，使油泥表面更加光滑。

01 在表面压光处理之前，先揭下油泥模型表面上的构思胶带。

02 选用薄而有弹性的金属刮板对油泥模型表面通体进行压光处理。

刮板的刃口要光滑、顺畅，刮削时握稳金属刮板，角度控制在 20~30°，操作时轻落、轻提刮片，拉动刮片的过程中间不要产生停顿现象，如图 7.47 所示。

03 对大弧面进行压光，可以将薄而有弹性的金属刮板弯曲，使刃口与油泥表面贴合后再进行压光处理，如图 7.48 所示。

图 7.47

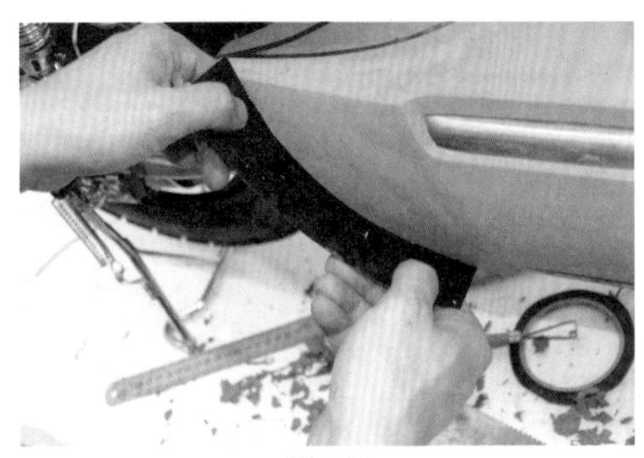

图 7.48

04 油泥表面通体压光以后，用羊毛板刷细心清扫表面的细小颗粒，为油泥模型表面处理做好准备，如图 7.49 所示。至此，完成油泥模型制作过程。

通过油泥模型制作过程，既可以对设计构思内容进行设计表达，对形态、结构等设计内容进行研究与分析，同时，也为后续的生产提供了生产测试的实际依据。

5. 贴点扫描建立数字模型

为了获得数字模型，我们可以通过扫描设备将制作的油泥模型制作成数据，为以后的进入生产等环节提供数字模型储备，如图 7.50 所示。

在油泥表面粘贴扫描点，通过激光扫描等扫描设备进行扫描，以备进行数字模型制作。扫描方法在此不做讲述，至此完成油泥模型制作过程。

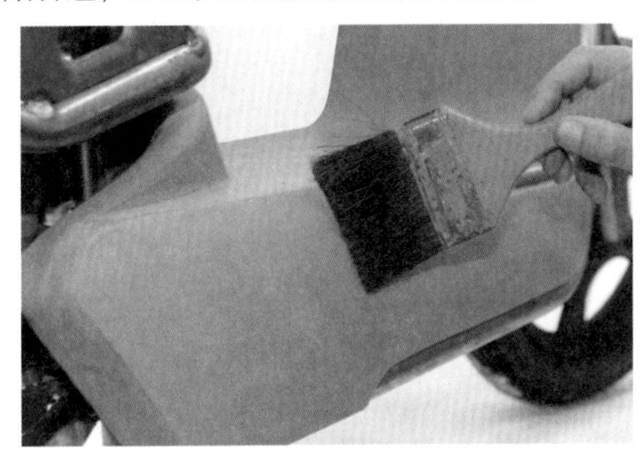

图 7.49

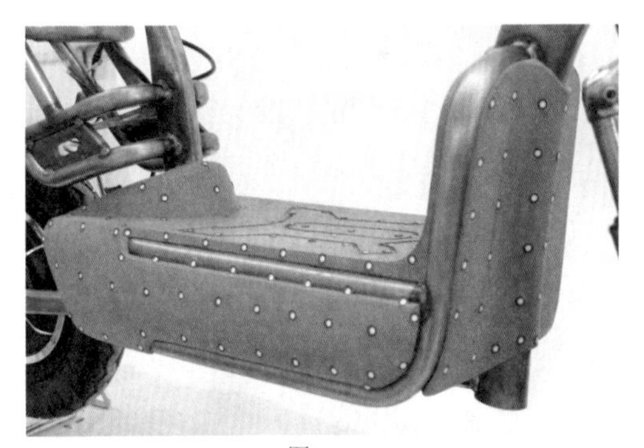

图 7.50

7.4　本章作业

思考题

简述油泥模型的加工方法与操作步骤。

实验题

使用油泥材料制作一个标准原型，认真体验油泥模型的制作方法。

#《第 8 章》
塑料材料模型制作

塑料材料是制作模型的常用材料，适合于制作交流展示模型、功能实验模型等。关于热塑料材料及特性请参阅第 2 章\2.1 节中的相关内容。常用的加工工具使用在案例中会涉及。下面介绍采用手工操作方式对热塑料材料加工的方法。

8.1 热塑性塑料的冷加工

冷加工是指无须借助热源对塑料材料进行加工成型的过程。

8.1.1 板材的冷加工

1. 画线

按照设计图纸尺寸，用金属画针、画规等画线工具在塑料板材上借助直尺、曲线板、角度尺等绘图与度量工具精确画出零部件的轮廓形状，如图 8.1 所示。

用画针画出的线形痕迹不易看清楚，可以使用铅笔沿着痕迹再描画一遍，便可以非常清晰地看出轮廓线形，便于加工。

2. 下料

1）沿直线边缘下料

01 将钢板直尺的边缘与所画直线重合，留出精细加工的余量，按住钢板尺不能移动，使用勾刀紧贴在直尺的一侧，拖动勾刀沿直线全长从头至尾轻缓地连续勾画几次，如图 8.2 所示。

图 8.1

图 8.2

02 勾画到一定深度后移开直尺，按住勾刀的前部继续反复从头至尾用力连续勾画，当划痕深度超过板材厚度的一半，用双手分别捏住划痕线的两侧逐渐掰开塑料板材，如图 8.3 所示。也可以使用手工锯、曲线锯等切割工具沿直线边缘进行锯割。

2）沿曲线边缘下料

使用电动曲线锯切割曲线形状，切割时双手扶稳板材匀速推进，推进速度不能过快，如果过快，可能会使锯条与塑料产生高热，会使切割后的部分出现粘连，注意切割时沿线形外侧留出一定加工余量，如图 8.4 所示。

图 8.3

图 8.4

3）沿内边缘下料

01 使用钻床或手持电钻在内轮廓边缘的拐角处打一个小通孔，如图 8.5 所示。

02 将锯条套入孔中，安装好锯条后，沿内部的轮廓外边缘留出一定加工余量进行切割，如图 8.6 所示。

图 8.5

图 8.6

3. 修边

下料后产生粗坯零件，粗坯零件的边缘比较粗糙且没有达到图纸尺寸要求，需要进行精细加工。使用金属板锉、什锦组锉、修边机等工具可对粗坯工件的内、外轮廓边缘进行倒角、倒圆、修平等加工处理，逐渐加工至轮廓界线达到形状要求，如图 8.7 和图 8.8 所示。

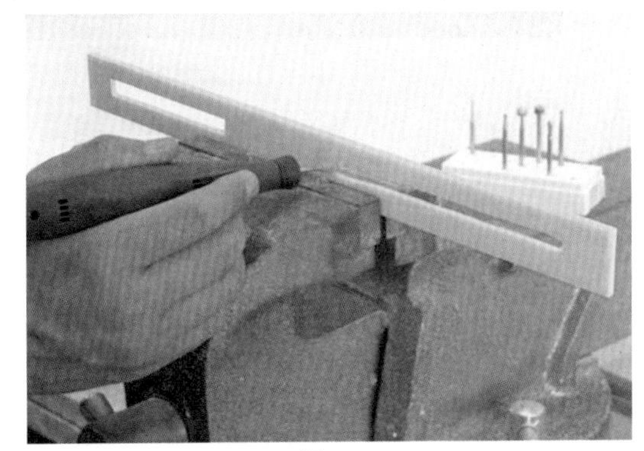

图 8.7

图 8.8

8.1.2 管材、棒材的冷加工

1. 画线

01 根据图纸要求，在选用的管材或棒材上画出加工形状、界线。

02 将管材、棒材水平或垂直靠在画线方箱的 V 形槽中，一只手把持住材料，另一只手使用高度规沿周圈画线确定高度位置界线，如图 8.9 所示。

2. 下料

将材料夹持在台钳上，为了防止钳口夹伤材料表面，可以在钳口与材料之间垫上薄木片等。按画出的加工界线使用手工锯截断管材或棒材，注意在画线的外侧锯割下料，留出精细加工余量，如图 8.10 所示。

图 8.9

图 8.10

3. 回转体形状加工

如果需将塑料管材、棒材加工成回转体形状，可以使用车床沿轴向、径向两个方向切削加工出所需的回转体形状，如图 8.11 所示。在加工过程中，要时常使用游标卡尺、轮廓磨板等度量工具准确测量各加工部位的尺寸。

图 8.11

8.1.3 塑料材料上打孔、铣槽及抛光

1. 打孔、铣槽

如在塑料材料上打孔或开槽，先将零件夹紧固定在台钳上。在钻铣床卡头上安装不同直径的钻头或铣刀进行钻孔、铣槽等加工操作，如图 8.12 所示。打孔或铣槽的过程中，注意经常用毛刷蘸水冷却加工部位并及时清除钻、铣屑。特别需要注意的是，要打通的孔在即将打透时进刀量要减小，防止将板材打裂。

2. 抛光

塑料表面可以进行抛光处理，经过加工后的表面会失去原有的光滑，通过抛光处理可以重新获得比较光滑的表面。

01 在塑料表面使用高标号的水砂纸蘸水打磨被加工部位，如图 8.13 所示。

02 在旋转的布轮上打上一点抛光皂，如图 8.14 所示。

03 将工件与旋转的布轮接触，进行抛光操作，如图 8.15 所示。

注意：抛光时双手把持工件，不要用力与布轮接触，避免工件与布轮摩擦产生高热损坏塑料表面。

图 8.12

图 8.13

图 8.14

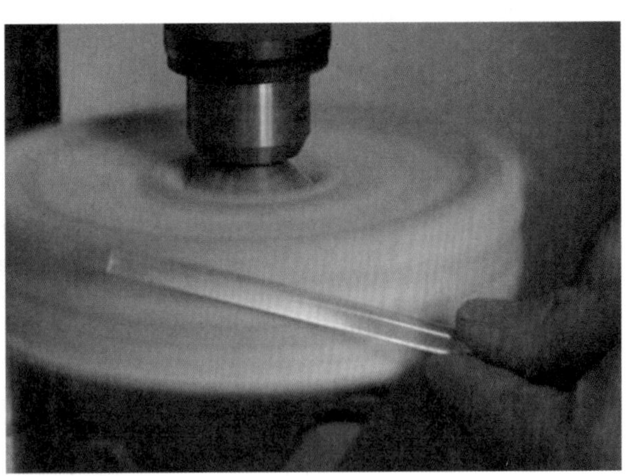
图 8.15

8.2　热塑性塑料的热加工

热加工是指借助热源对塑料材料进行加工成型的过程。利用热塑性塑料遇热变软的物理特性，通过模塑加工可以形成复杂的形态。手工模型制作中多采用模具压制的方法加工成型。

8.2.1　塑料板材的热折弯成型

01 制作折弯模。用细木工板或中密度板等材料按照弯折角度制作折弯模，折弯模展开的长宽尺寸要大于零件的长宽尺寸，如图 8.16 所示。

02 加热折弯部位。按图纸尺寸下料以后，要在板材的弯折部位画出折线标记，将折线标记对齐、对正折弯模的折弯部位，在板料上垫一块薄木板，使用夹紧器夹于折弯模上。用热风枪在折弯部位来回移动均匀加热，如图 8.17 所示。

03 压型。板材受热变软后，用平直的木板压紧、压实塑料板材于折弯模上，如图 8.18 所示。

04 待冷却定型后方可取下折弯工件，如图 8.19 所示。

图 8.16

图 8.17

图 8.18

图 8.19

8.2.2 塑料板材的多向曲面热压成型

曲面形态的成型过程比较复杂，需要借助事先做好的原型进行加工，有加工条件可用吸塑设备进行加工。如果采用手工制作，则需要制作压型模具，通过模具将加热软化的塑料板材压制成曲面形态。

1. 制作压型模具

01 首先，用黏土或油泥等材料制作出标准的曲面形态，如图 8.20 所示。

02 使用石膏材料制作压型模具。用这种材料制作压型模具方便、快捷。在塑造完成的原型边缘搭建型腔，型腔板距原型的边缘 50mm 以上，如图 8.21 所示。

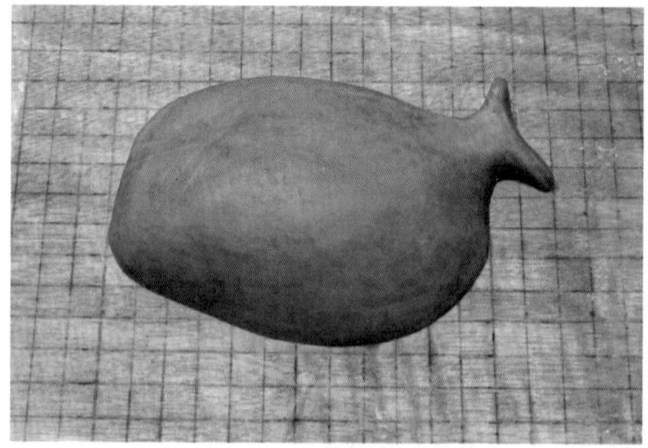

图 8.20

图 8.21

03 可在原型表面和型腔板上薄薄地涂抹一层脱模剂，便于石膏与原型脱离，如图 8.22 所示。

04 将调制好的石膏溶液注入型腔之中。等到石膏溶液凝固成型以后，用手感觉一下凝固的石膏是否发热，发热表明石膏完全凝固，此时打开型腔，如图 8.23 所示。将石膏边缘的锐边刮削掉，并找平石膏表面。

图 8.22

图 8.23

05 轻轻将石膏与原型分离，此时石膏压型阴模制作完成，如图 8.24 所示。

06 压型阴模制作完成以后，继续制作压型阳模。由于塑料板材是夹在阴、阳模具中间压制成型，所以在阴、阳模具之间要预留间隙，间隙量的大小由被压型的塑料板材厚度决定。可以使用油泥或黏土等材料提前预制间隙层。先在被压制的塑料板材上取下两条宽度为 50mm 的长条，分开放置，用塑料薄膜包裹，将加热软化的油泥用力擀压，如图 8.25 所示。

图 8.24

图 8.25

07 当圆棒与塑料板接触时证明泥片达到厚度要求，擀压成薄厚均匀的泥片，如图 8.26 所示。

08 将泥片放置在模具上，用手轻轻按压泥片逐渐贴实，将石膏阴模内表面铺满，如图 8.27 所示。如果油泥变硬，可使用热风机进行加热，保持软化便于贴附。

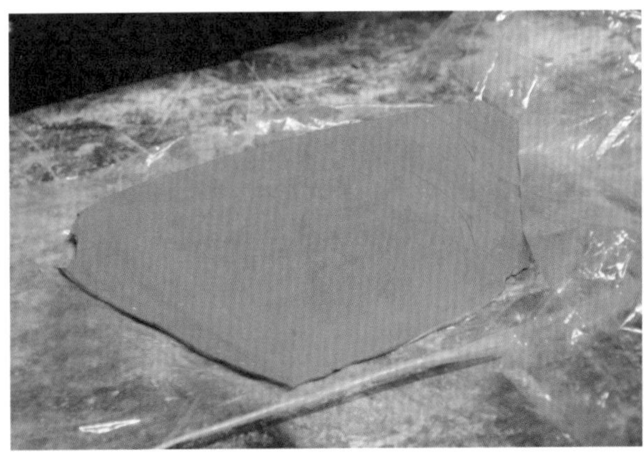

图 8.26

图 8.27

09 遇有窄小的部位可借助工具慢慢进行贴合，贴合过程中如泥片出现褶皱的地方，可用刀片将泥片切开，并将多余的泥片割掉，如图 8.28 所示。

注意：泥片要贴满阴模的内表面，且各部位的泥片厚度要一致。

10 使用美工刀沿石膏模具的边缘将油泥层多余的部分切割整齐，继续沿石膏阴模外侧搭建型腔，如图 8.29 所示。

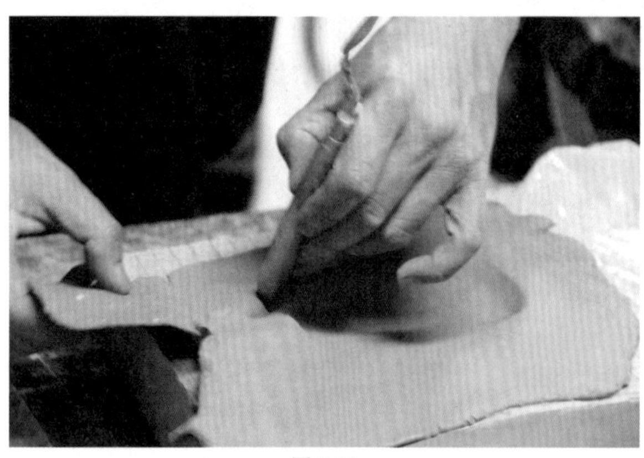

图 8.28

图 8.29

11 在搭建好的型腔内注入石膏溶液注，等待石膏凝固成型以后，打开型腔取下石膏阳模，揭开油泥间隙层，如图 8.30 所示。

12 在阴模的最低点、阳模的最高点位置打通孔，用于压型过程中排放塑料板与模具之间的空气，如图 8.31 所示。

图 8.30

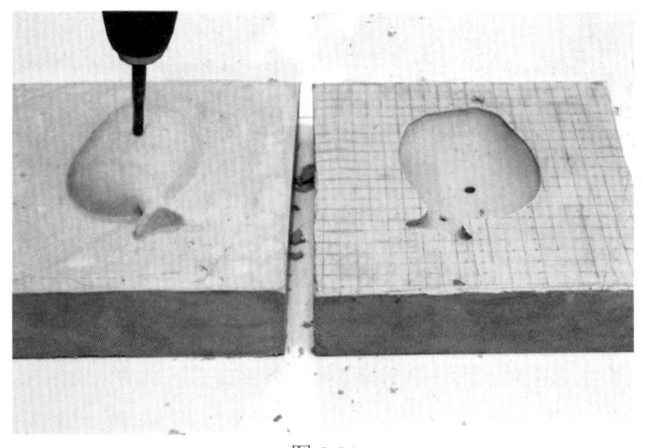

图 8.31

2. 软化塑料

根据曲面形态估算展开面积，下料。下料时一定要留出足够的余量，防止塑性变形余量不足。将塑料板材放入红外线烘干箱加热至模塑温度，薄板材的模塑温度控制在 100℃ ~ 120℃，厚板材的模塑温度控制在 120℃ ~ 140℃。为了防止烫伤，应该戴上手套，用夹钳取出软化的塑料板材。

3. 热压成型

在红外线干燥箱中将塑料加热软化至模塑温度后取出，迅速放置在石膏阴模上面，将阳模放在塑料板上，向下施加足够的压力，使塑料板塑变成型，等待塑料板降低到常温后，才能将压制成型的板材从模具中取出，如图 8.32 所示。

4. 切割边缘

用曲线锯沿压制成型的曲面边缘将多余的部分切割下来，用砂带机、修边机、金属板锉、什锦组锉等工具修整曲面边缘，使形状达到设计要求，如图 8.33 所示。

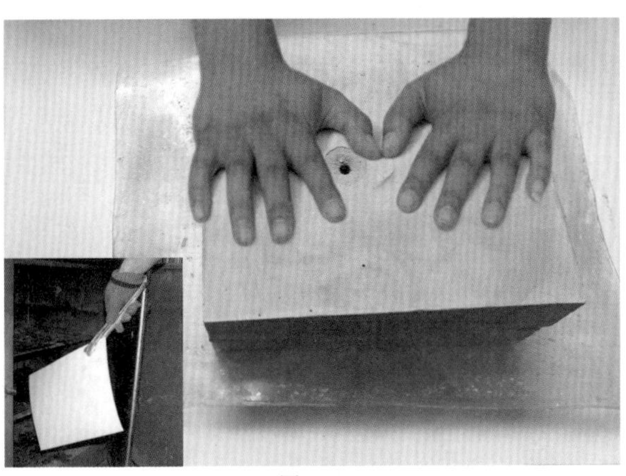

图 8.32

图 8.33

8.2.3　棒材、管材热弯曲成型

1. 制作压型模具

01 选用细木工板或中密度板制作胎具，板的厚度应该大于被加工管材或棒材的直径。按照设计的形状在板上画出弯曲的轮廓界线，如图 8.34 所示。

02 用曲线锯沿轮廓界线进行切割，如图 8.35 所示。

图 8.34

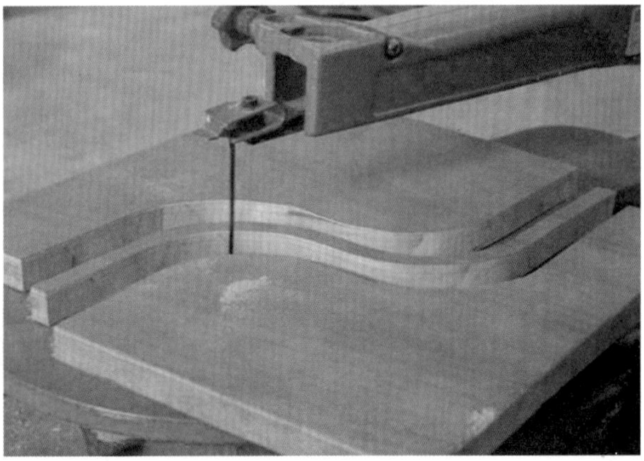

图 8.35

03 使用木锉锉削切割痕迹，使边缘光滑、顺畅，如图 8.36 所示。

04 用螺钉将其中一块模板固定在工作台面上，如图 8.37 所示。

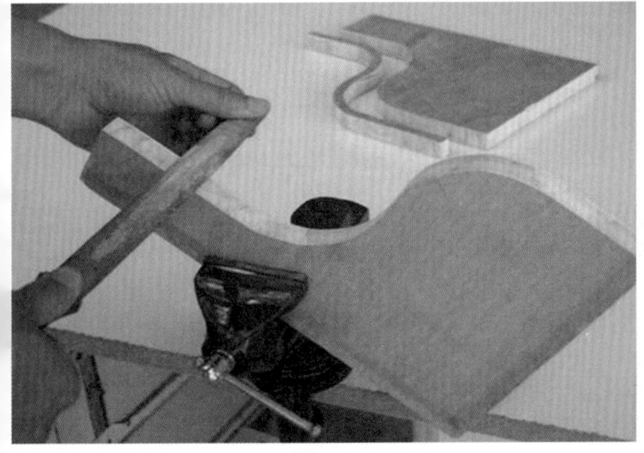

图 8.36

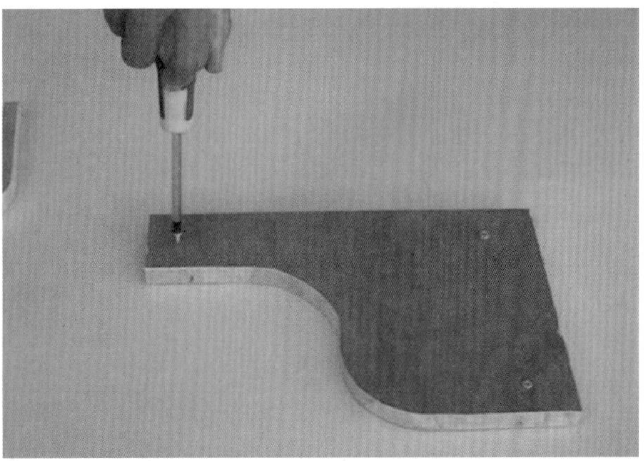

图 8.37

2. 下料

热弯前事先要在计算弯曲零件的实际展开长度之后下料，下料的长度要大于曲线的展开长度。如果是使用管材加工曲线形状，由于内部中空，在弯曲过程中容易出现径向变形，为了防止这种情况发生，加工前使用经过烘焙的细砂填充于管内，填满、填实后用圆形木楔堵实、堵严两个端口，如图 8.38 所示。

3. 加热

用热风枪均匀加热管材或棒材，如图 8.39 所示。也可以将材料放入红外线烘干箱加热，薄壁管材的加热温度控制在 100℃ ~ 120℃，棒材加热温度控制在 120℃ ~ 140℃。

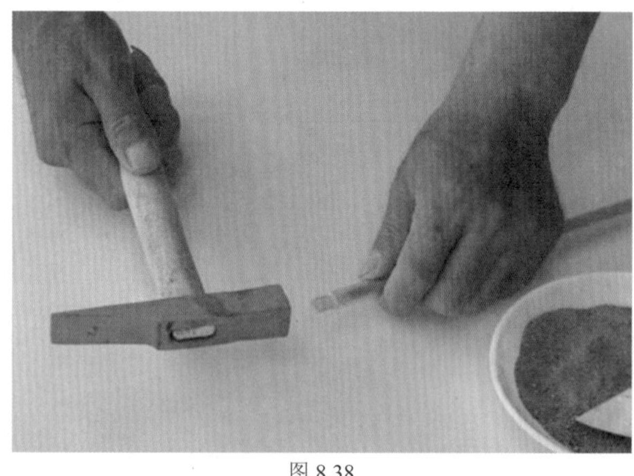

图 8.38

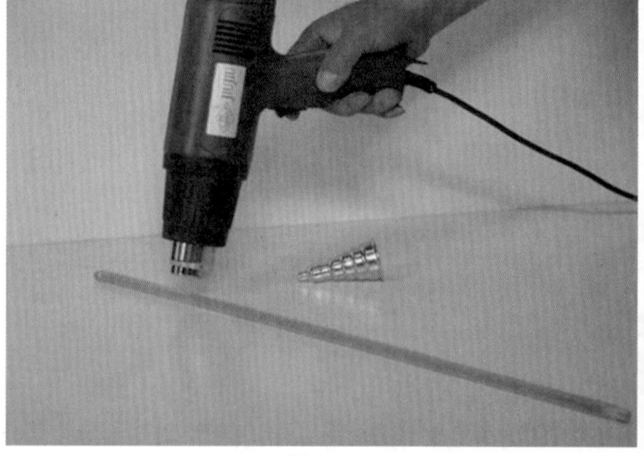

图 8.39

4. 压型

01 将受热软化的管料或棒料放置在固定模板与活动模板之间，推挤活动模板，使管材与两块模板紧紧靠严、贴实，如图 8.40 所示。

02 用毛巾蘸取冷水，冷却工件表面，如图 8.41 所示。

03 当工件表面降至常温定型后方可拿开定型模具。定型后根据图纸要求将多余的长度切割下去，将管中的细砂倒出，用清水冲洗干净、晾干，使用金属板锉修整管料的端口或棒料的端面。

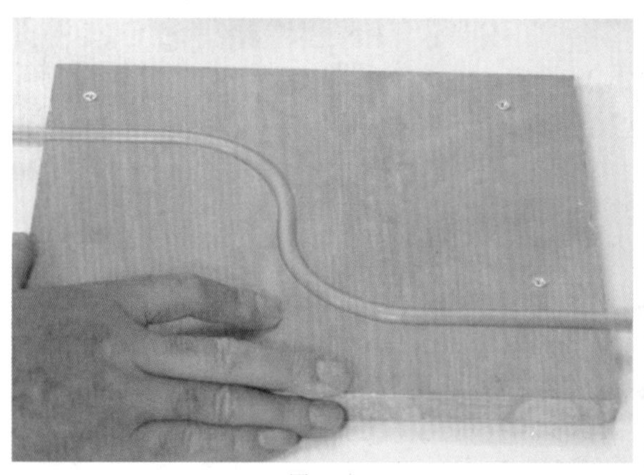

图 8.40

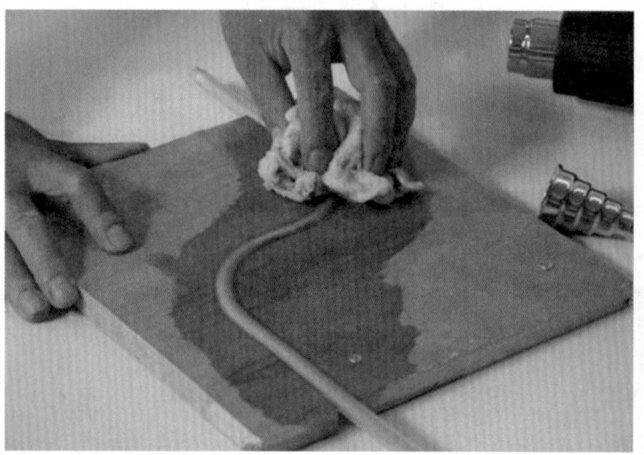

图 8.41

8.3 塑料模型制作案例

下面以如图 8.42 所示的便当盒设计为例，简述塑料模型的制作方法与步骤。

1. 划线

按照设计图纸尺寸，用金属画针、画规等画线工具在塑料板材上借助直尺、曲线板、角度尺等绘图与度量工具精确画出零部件的轮廓形状。

2. 下料

使用勾刀、曲线锯等切割工具按照边缘线形下料。

3. 修边

下料后产生粗坯零件，使用金属板锉、什锦组锉、修边机等工具可对粗坯工件的内、外轮廓边缘进行倒角、倒圆、修平等加工处理，逐渐加工至轮廓界线达到形状要求。

4. 制作热弯胎具

便当盒的盒体设计四周为圆角，为准确表现圆角形状，需要制作胎具。

图 8.42

01 使用石膏制作热弯胎具。搭建型腔，浇注一块石膏体，如图 8.43 所示。

02 用锯条将石膏凹凸不平的各表面刮削平整，如图 8.44 所示。

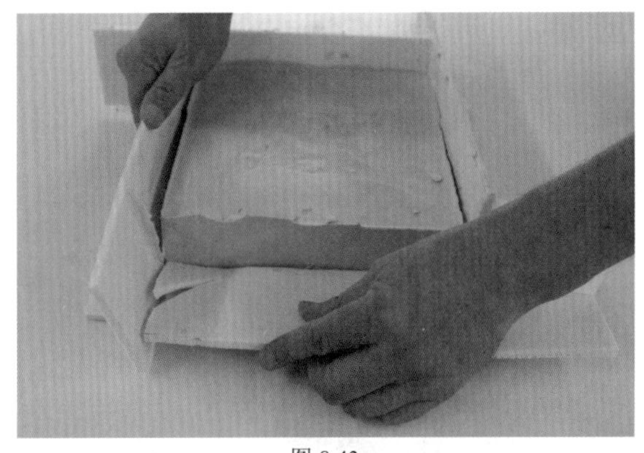

图 8.43

图 8.44

03 晾干或烘干石膏体。按设计尺寸要求，在石膏体上画出热弯胎具轮廓边界线形，图 8.45 所示。

04 使用刮削工具沿轮廓界线进行加工，如图 8.46 所示。

图 8.45

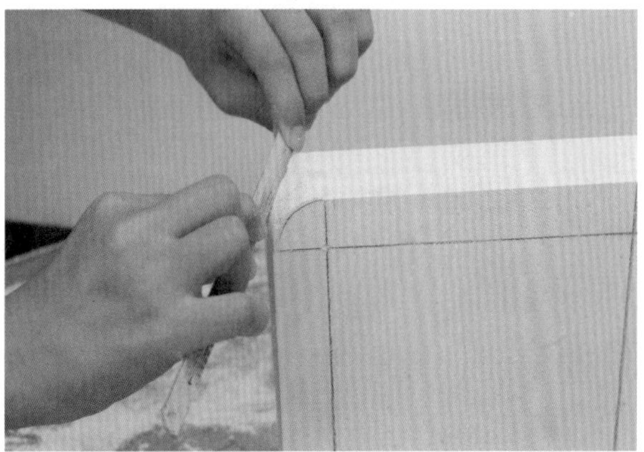

图 8.46

05 精确制作出各圆角形状，如图 8.47 所示。

5. 热弯成型

使用热风枪对热弯部位进行加热处理，注意要均匀加热，当达到软化温度时使用两块木板靠紧两侧，使用蘸水的毛巾对加热部位进行冷却处理，使之固定成型，如图 8.48 所示。

使用同样的方法，继续进行另外几个圆角的热弯处理，等待热弯部位全部冷却到常温后，方可将热弯成型的工件从胎具上取下。

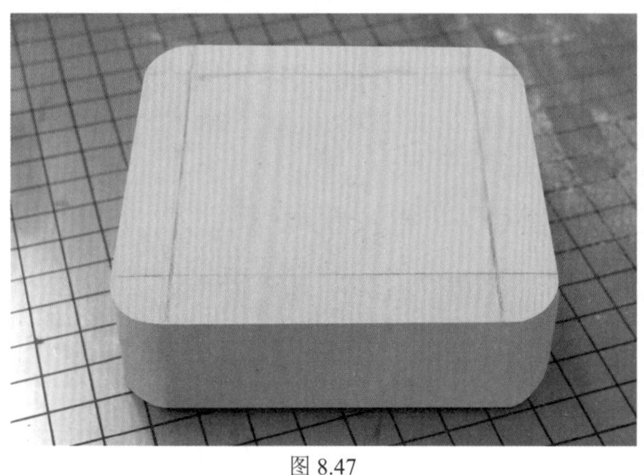

图 8.47

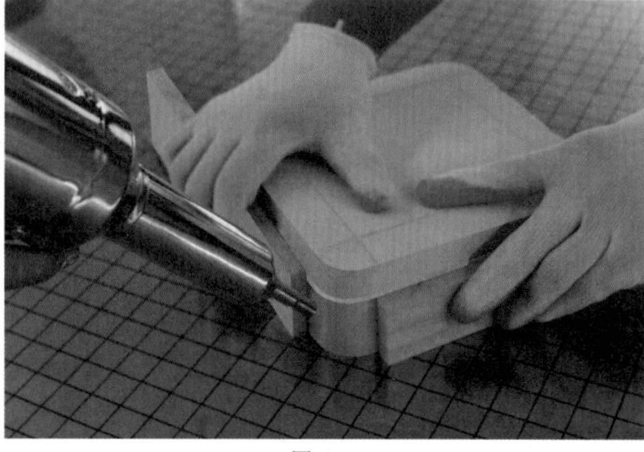

图 8.48

6. 连接成型

使用夹紧器将相互连接的零件固定，使用注射器吸入适量塑料黏合有机溶剂，针头沿黏合部位轻轻注入适量溶剂，等待相互黏合牢固，如图 8.49 所示。

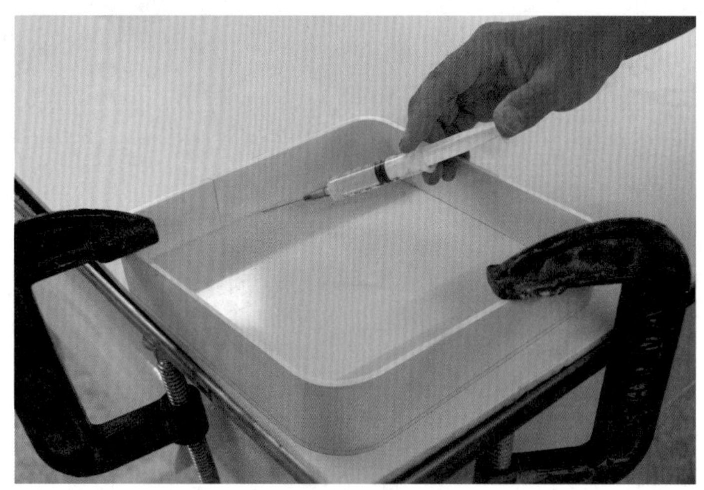

图 8.49

至此完成塑料模型制作过程。其他零件的做法相近，不再逐一叙述。

8.4　本章作业

思考题

叙述塑料模型的加工方法与操作步骤。

实验题

使用塑料板材制作一个曲面形状。

《第 9 章》

木质材料模型制作

木质材料是常用的模型材料，适合于制作功能实验模型、交流展示模型、手板样机模型等。关于木质材料及特性请参阅第 2 章 \2.1 节中的相关内容。常用的加工工具在案例中会涉及。

使用木质材料进行模型制作难度较高，涉及的制作工艺、加工设备等也比较复杂，在此不能全面介绍。下面以图 9.1 所示的婴儿摇床模型为案例，简要介绍使用木质材料制作模型的方法与步骤。

图 9.1

9.1 加工构件

由于受材料特性的影响，使用木质材料进行设计表达的时候，应在设计方案比较成熟的基础上再使用该材料进行制作。

一般情况下，木模型的成型采用先制作单独构件，再进行组装成型的方法完成。构件类型一般分为具有一定截面形状的条形构件和薄厚不一的板状构件。

9.1.1 板状构件加工

1. 刨削

根据厚度要求，可直接选用半成品板材进行制作（本案例使用的是指接板。注意：购进的指接板应尽快使用，防止发生变形，以免造成表面不平整）。

观察指接板的平整度，如板面有翘曲现象，可使用刨削工具找平翘曲的部位。

01 首先使用短平刨将被加工面的凸起部位大致刨平，短平刨易于局部找平；然后换用长平刨按次序一刨接一刨地刨削整个平面，如图 9.2 所示。

图 9.2

02 刨削平面时，双手的食指与拇指压住刨床，其余三个手指握住刨柄，推刨时刨子要端平，两只胳臂必须强劲有力，不管木材多硬，应一刨推到底，中途不得缓劲、手软。

03 平面刨削过程中，随时用钢板尺沿横、纵两个方向检查面的平整度，如果在钢板尺与被刨削的平面之间无缝隙，则证明已经刨平。测量平直度的方法参看第 4 章 \4.2 节中的内容。

2. 打磨

使用电动打磨机打磨木材表面，去掉刨痕。开始打磨时，将目数比较低的砂纸卡在电动打磨机的底部，启动开关，推动打磨机通体进行打磨，继续换用目数比较高的砂纸进行打磨，以获得光滑的表面，如图 9.3 所示。

图 9.3

3. 画线

制作构件前，需要绘制图纸并认真审核，确认无误后，按照图纸尺寸在材料上使用绘图工具绘制各构件的加工形状作为下料的边界线，如图 9.4 所示。

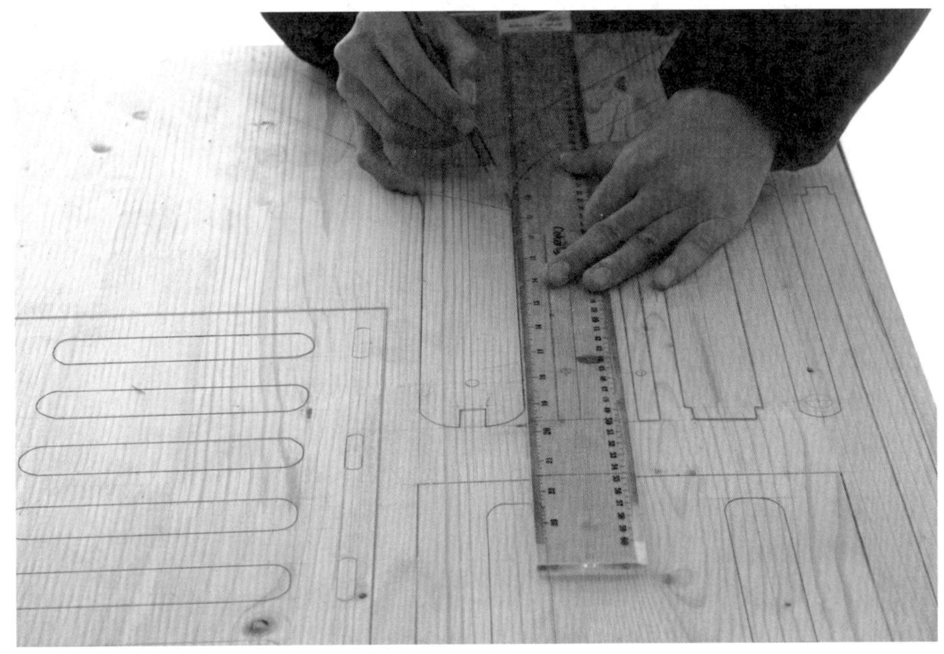

图 9.4

4. 下料

1）沿外轮廓下料

使用锯割工具进行锯割加工。如图 9.5 所示为使用手提式电动曲线锯沿外轮廓边界线进行切割，切割时启动开关，匀速向前推力，注意不要用力过大，防止锯条折断，同时要留出一定的加工余量，以备进行精细加工。

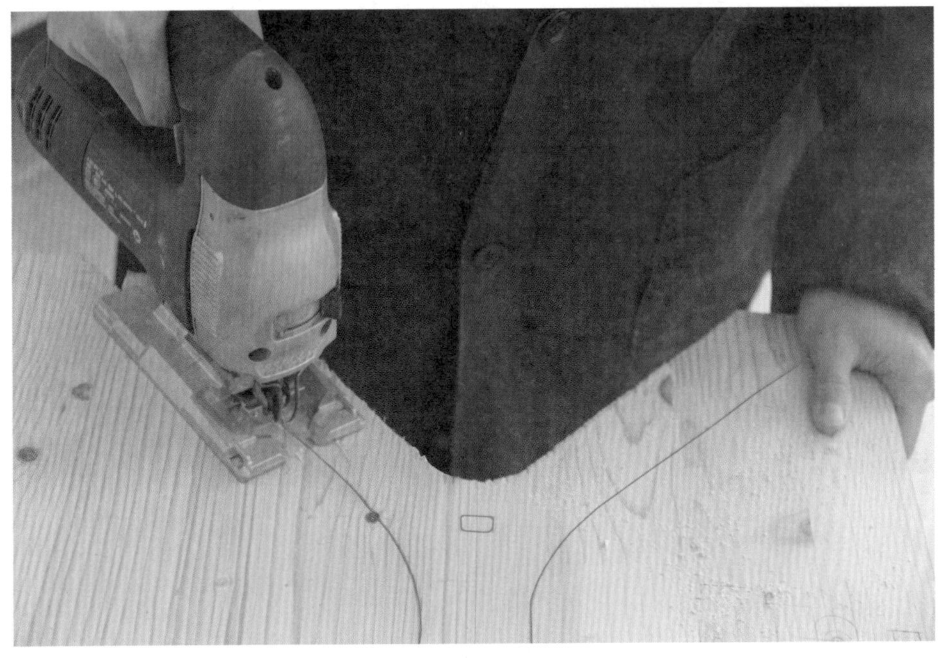

图 9.5

2）沿内轮廓下料

01 使用电钻在轮廓内边缘打一个通孔，孔的直径要大于锯条的宽度，如图 9.6 所示。

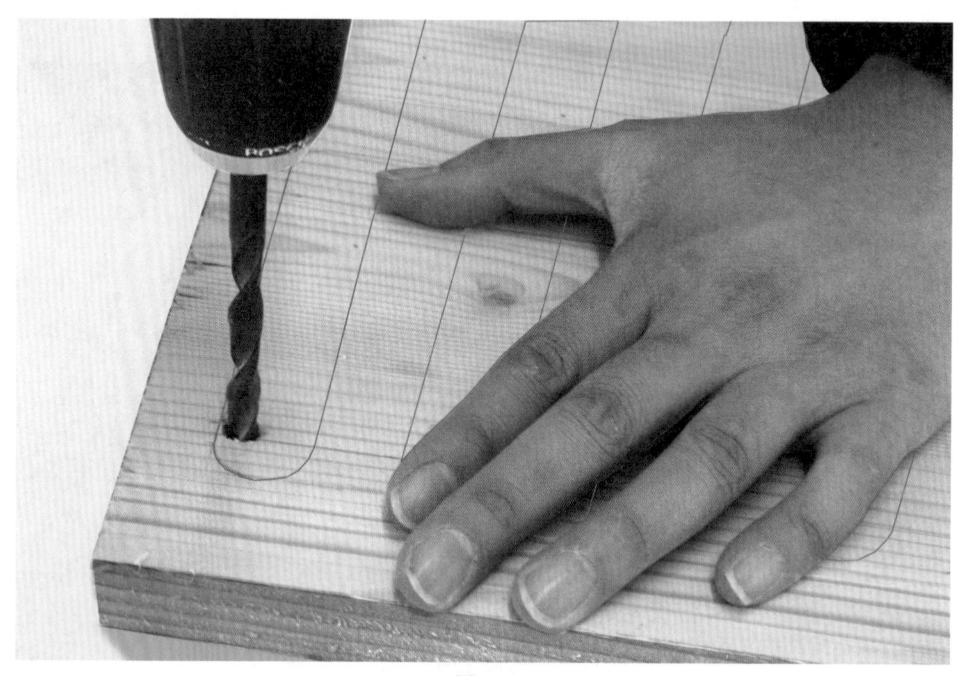

图 9.6

02 将曲线锯条插入孔中，启动电动曲线锯，沿轮廓内边缘进行锯割，留出一定的精细加工余量，如图 9.7 所示。

图 9.7

5. 精细加工

1）锉削

01 使用台钳等夹持工具将锯割成型的构件夹紧，可使用薄木板等材料放置在钳口与构件之间一同夹紧，防止损伤木材表面。

02 锯割后的部位会出现锯痕，选用木工锉刀将锯痕锉削平整，如图 9.8 所示。锉削工具的使用方法参看第 4 章\4.2 节中的相关内容。

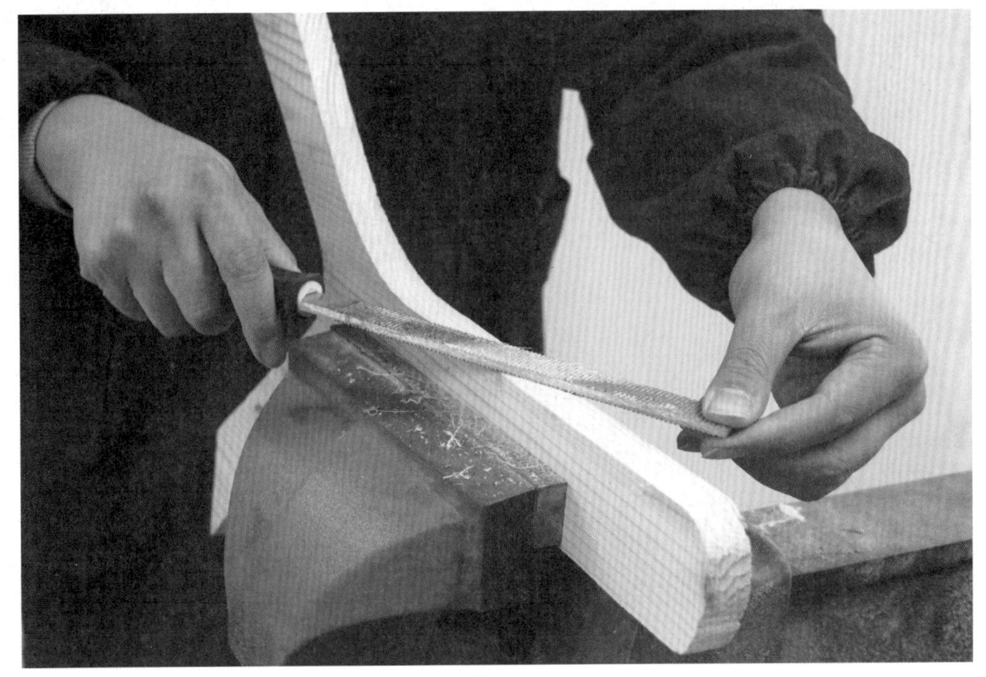

图 9.8

03 锉削过程中随时观察是否加工至边缘界限，如图 9.9 所示。同时使用度量工具检测是否加工至图纸要求尺寸。

图 9.9

2）打磨

使用砂纸对锉削部位进行打磨，开始使用目数比较低的粗砂纸进行打磨，最后换用目数比较高的细砂纸继续打磨，直至将锉削部位打磨光滑，如图 9.10 所示。

图 9.10

9.1.2 条形构件加工

1. 下料

参看图纸，使用电动带锯按照条形构件的长、宽、高尺寸下料，注意留出一定的加工余量，如图 9.11 所示。电动带锯的使用方法参看第 3 章 \3.1 节中的相关内容。

图 9.11

2. 刨削

1）刨削平面

01 加工基准平面。选择一个锯割面，使用平刨对该面进行刨削操作，将该面刨削平整，并加工至边界线，如图 9.12 所示。

图 9.12

02 加工相邻面。以该面作为基准，对相邻面进行加工。在刨削过程中，随时检查相邻面是否相互垂直，测量方法参看第 4 章 \4.2 节中的相关内容，查看过程中要多找几个观测点进行测量，确保两个相邻面相互垂直与平直。

03 如果需要刨削其余两个面，可使用勒线器勒出一条与刨削面平行的线形，使用方法是将勒线器紧贴于已经加工好的面上分别勒画出直线痕迹，随后按照勒出的线形进行加工。

2）刨削弧面

01 首先在端面上画出条形构件的截面轮廓形状，如图 9.13 所示。

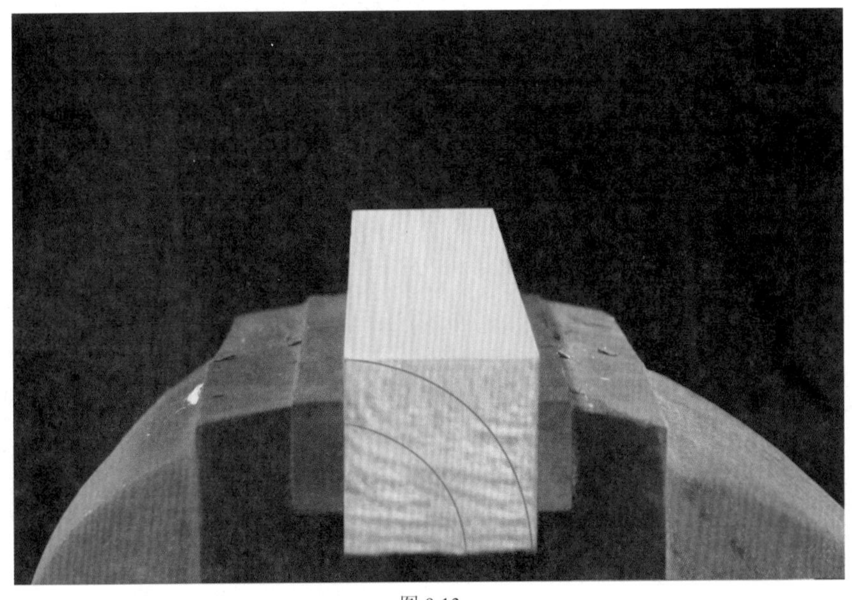

图 9.13

02 夹紧后使用平刨尽量将多余的部分进行刨削，如图 9.14 所示。

图 9.14

03 换用木锉刀沿轮廓界线进行锉削加工，逐渐锉削出弧面形状。弧面锉削方法参看第 4 章 \4.2 节中的相关内容。

3. 磨削

使用刨削、锉削等方法将多余的部分去掉以后，借助砂带机按照弧线形状进行精心磨削操作，如图 9.15 所示。

图 9.15

9.2　构件的结合

木制构件制作完成以后需要相互连接在一起，木制构件结合的方式很多，如榫结合、钉结合、预埋件结合、胶黏结合等。在木制模型制作的过程中，应该根据实际情况正确使用连接方式。

结合婴儿摇床木模型制作中所涉及的连接方式，主要介绍榫结合与预埋件结合两种方式。将所有制作的构件按连接次序排放，并标注连接序号，以免构件连接混乱，如图 9.16 所示。

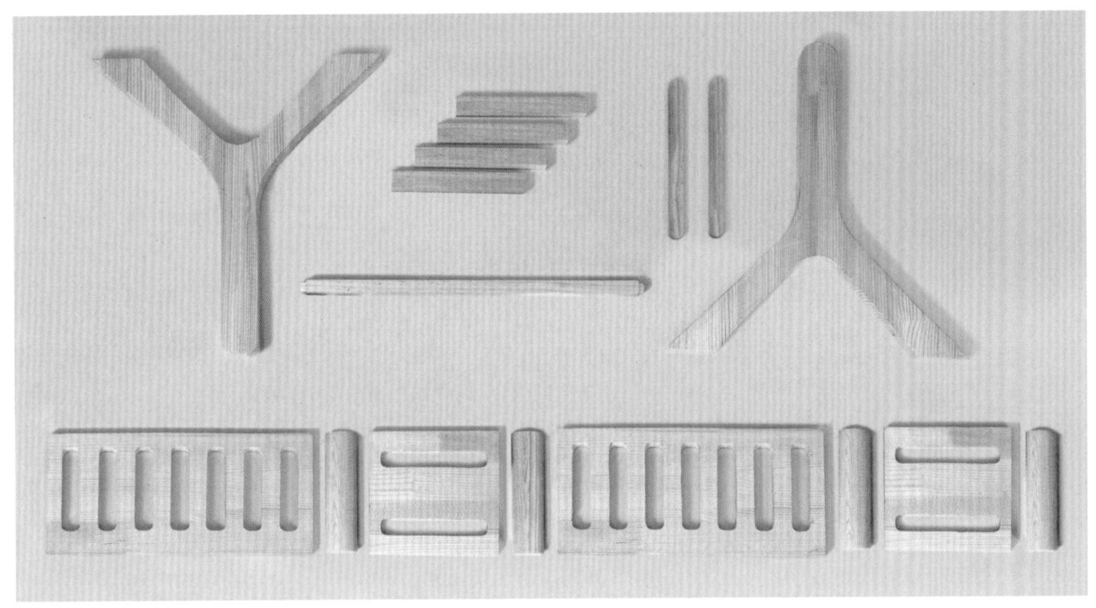

图 9.16

9.2.1　榫

中国传统的木作加工工艺堪称登峰造极，先人为我们积累了丰富的经验并沿用至今，可谓宝贵的文化遗产，也体现出中国人的勤劳与智慧，尤其是经典、巧妙的榫结合形式更是令人叹为观止。有兴趣的读者可以阅读王世襄先生的《明式家具珍赏》《明式家具研究》《明式家具萃珍》等著作，会受益多多。由于篇幅所限，不能在此全面介绍榫接合的方式及做法。

下面以婴儿摇床木模型中所涉及的暗榫结合为例，介绍榫结合的基本方式与做法。

榫由榫头和榫眼两部分组成，榫的各部分名称如图 9.17 所示。

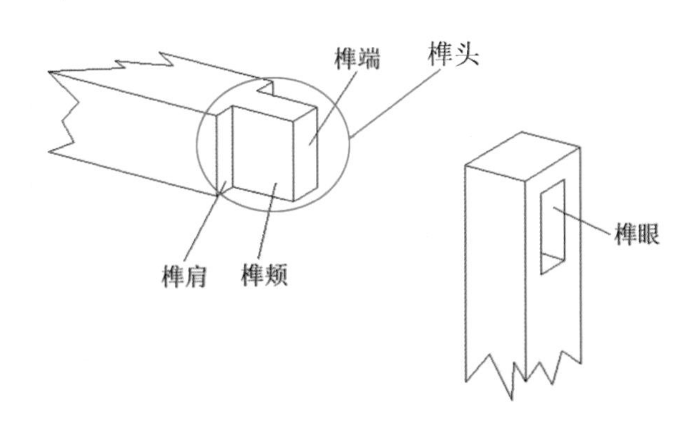

图 9.17

1. 制作榫头

1）画线

在已经制作好的条形构件上按图纸要求画出榫头的形状与位置，如图 9.18 所示。

图 9.18

2）锯割榫头

使用锯割工具沿绘制的线形进行锯割，制作出榫头形状，如图 9.19 至图 9.22 所示。

图 9.19

图 9.20

图 9.21

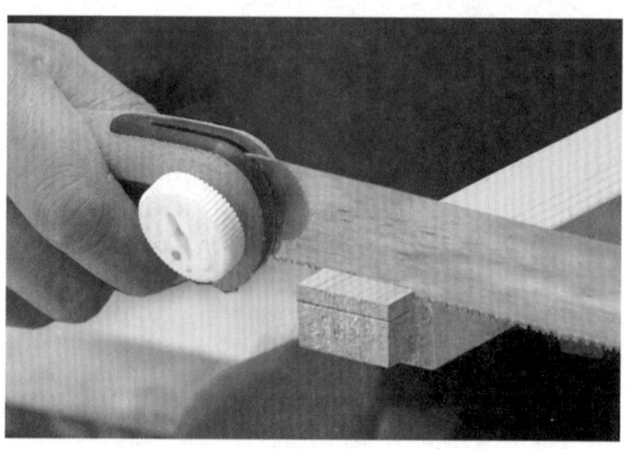

图 9.22

2. 制作榫眼

1）画线

在已经制作好的板状构件上按图纸要求画出榫眼（槽）的形状与位置，如图 9.23 和图 9.24 所示。

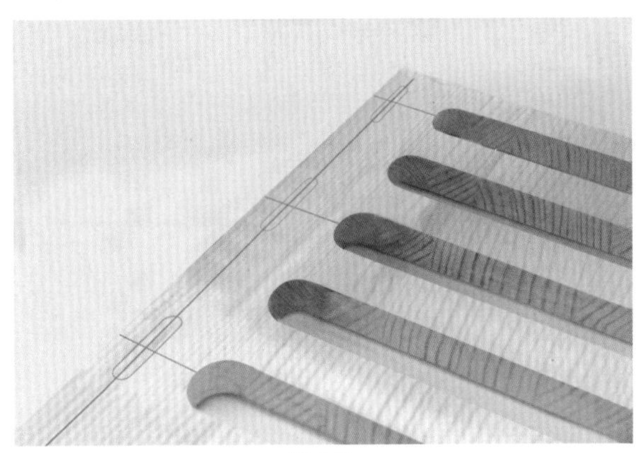

图 9.23

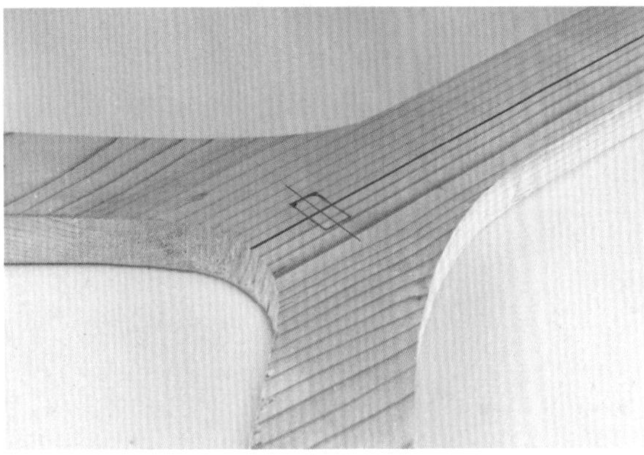

图 9.24

2）开孔

可使用不同种类的开孔工具加工榫眼。

01 使用电动铣槽机铣出榫眼，如图 9.25 所示。

注意：在铣孔之前调整铣刀的高矮尺寸，锁紧铣刀，开启开关，在铣孔位置将旋转的铣刀慢慢深入进去，然后匀速推动铣槽机，逐渐铣出榫眼形状，榫眼的深度要与榫头的长度一致。

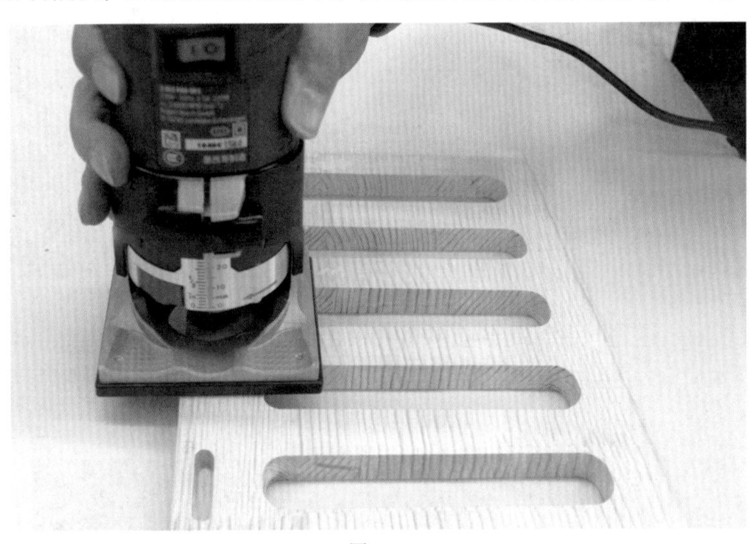

图 9.25

02 使用木工凿制作榫眼，如图 9.26 所示。榫眼的长宽尺寸要稍小于榫舌的长宽尺寸，目的是将互为连接的构件进行过盈配合，使两个构件连接更为紧密。

03 根据暗榫的榫眼宽度选择相应宽度的平凿进行加工，使用夹紧器将工件固定。

04 加工时一只手握持凿柄，将凿子的刃口对齐榫眼一端的界线，另一只手握住锤子打击凿柄的顶部，击打时要将平凿垂直于木板表面，锤子要打准打实。

05 将平凿打进一定深度后，前后晃动拔出平凿，适量向前移动平凿，此时将凿柄适度倾斜并继续击打，剔除该位置的木屑，继续前移并击打平凿，逐渐剔出一定深度的槽。当平凿接近另一端，转动平凿，使刃口的直面对准槽的另一端的界线并垂直击打，以获取垂直立面。

06 榫眼的深度加工不是一次就能达到深度要求的，通过逐层剔除才能逐渐将榫眼打到所需深度。

图 9.26

3）暗榫结合

01 榫结合之前，在榫头、榫眼部位分别涂抹少许白乳胶，按照构件之间的安装位置将榫头用力插入榫眼内，如图 9.27 和图 9.28 所示。

图 9.27

图 9.28

02 由于榫舌与榫眼之间是过盈配合，需要击打才能使榫舌进入榫眼。为防止砸坏榫舌，击打时需要在榫舌的上面垫上一块木板，然后用木锤逐渐敲击木板，逐渐使榫舌与榫眼达到紧密配合的状态，如图 9.29 所示。

图 9.29

9.2.2　预埋件结合

使用预埋件使构件进行结合是一种简单、方便的连接形式，在木模型制作中经常使用此种方法进行构件间的连接。

1. 打预埋孔

01 按照图纸要求，使用打孔工具在预埋件位置打预埋孔，预埋孔的直径要小于预埋件的直径，使预埋件和预埋孔形成过盈配合，如图 9.30 所示。

图 9.30

02 在预埋件的上面垫上一块木板，使用手锤击打木板，将预埋件嵌入预埋孔内，如图 9.31 所示。

图 9.31

2. 打连接孔

按照图纸要求，使用打孔工具对应预埋件位置打通连接孔，连接孔的直径要略大于连接件（螺钉）的直径，如图 9.32 所示。

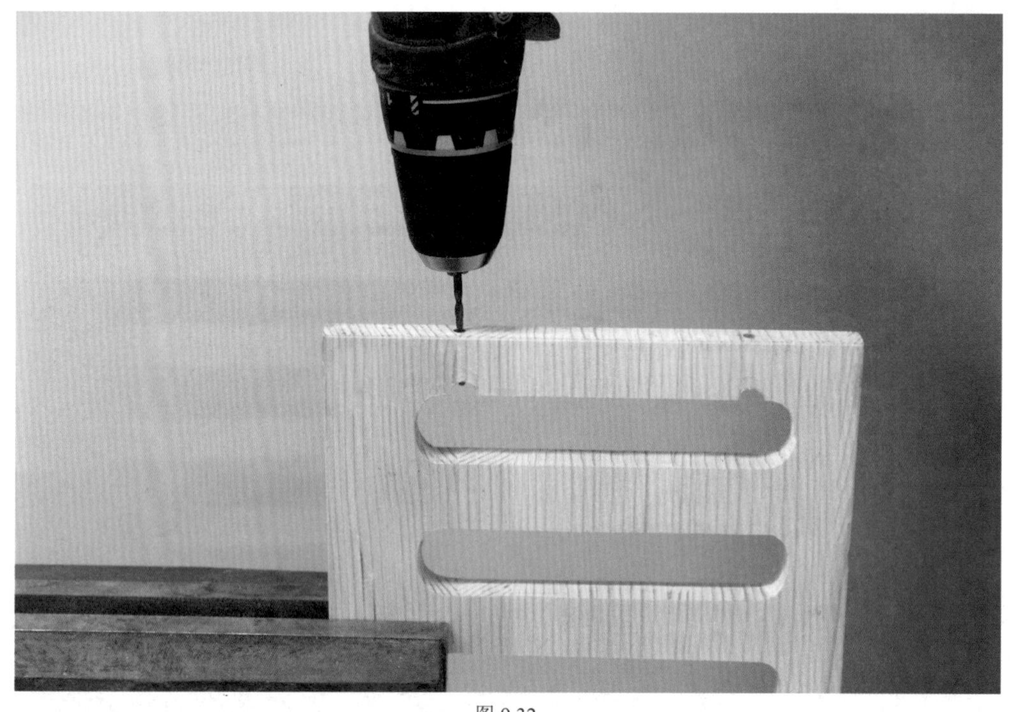

图 9.32

3. 预埋件结合

01 连接相邻的构件。将螺钉穿入通孔，使用内六方扳手将螺钉与另一个构件上的预埋件拧紧。螺钉和预埋件螺纹连接能够牢固地将工件结合在一起，如图 9.33 所示。

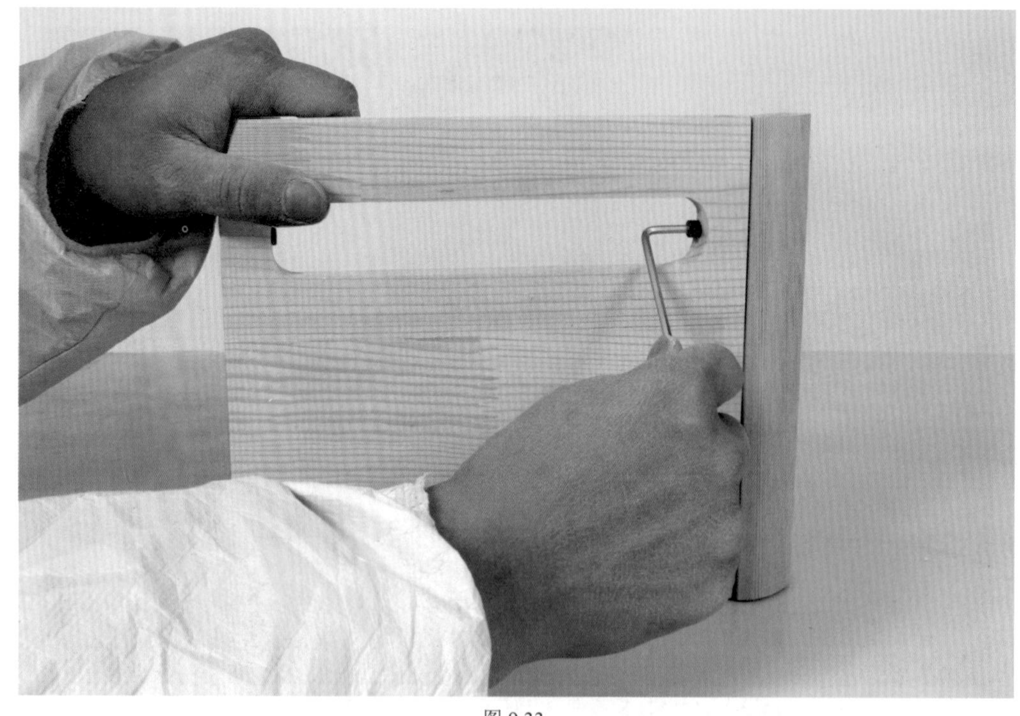

图 9.33

02 按次序继续将相邻构件进行连接。注意调整、对齐各构件的位置后将螺钉拧紧，如图 9.34 所示。

图 9.34

9.2.3　组装

将固定配合的构件组装完成以后，继续组装活动连接配合的构件，如图 9.35 和图 9.36 所示。调试活动配合构件之间的连接，使之活动自如，完成木质材料的模型制作。

图 9.35

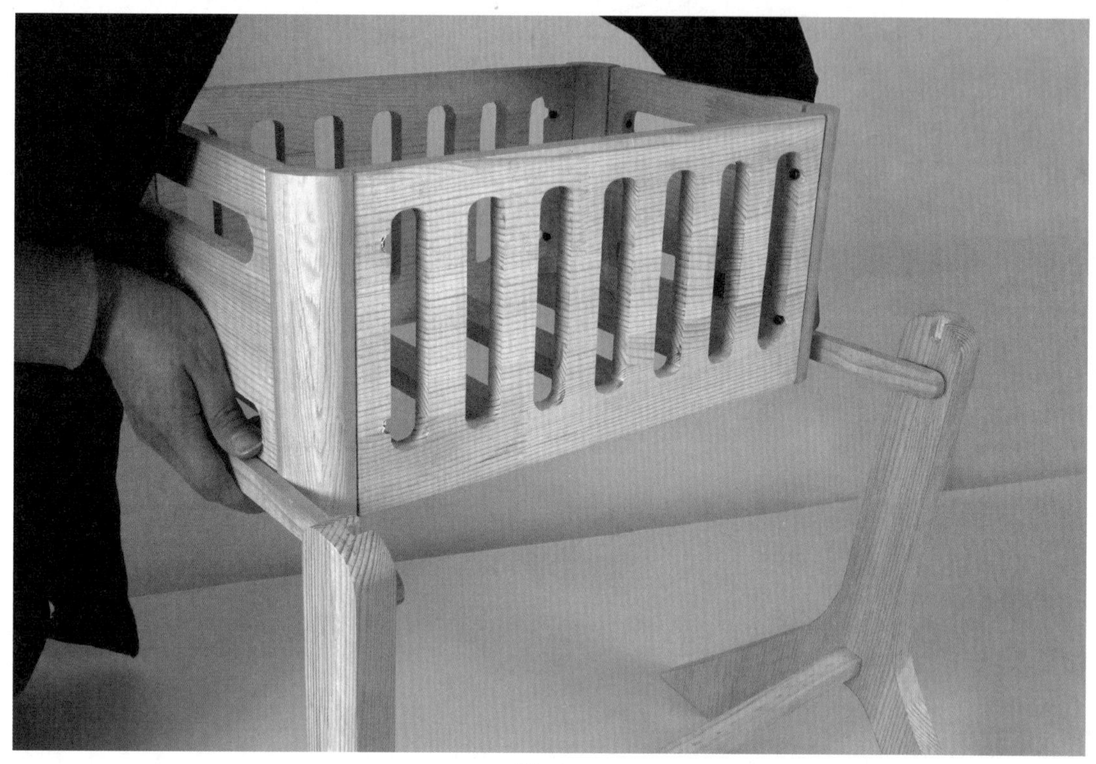

图 9.36

9.3　本章作业

思考题

叙述木质模型的加工方法与操作步骤。

实验题

1. 使用相关工具进行锯割、刨削、锉削等基本操作训练。
2. 使用刨削的方法将两个面加工成相互垂直的角度。
3. 使用制作一个暗榫结合。

《 第 10 章 》
产品模型表面涂饰

模型表面涂饰是模型制作过程中的重要表现环节，表面涂饰起到两个方面的作用：一是通过表面涂饰可以使模型更加具有真实性；二是通过表面涂饰可以对模型起到有效的保护作用。

在模型表面涂饰前，应充分考虑到涂饰材料的种类、特性、涂饰工艺与方法对模型表面产生的影响，合理运用涂饰材料，熟练掌握涂饰方法，通过表面涂饰更加完整地表达预期设计效果。

产品模型表面涂饰方法种类很多，下面简要介绍以手工方式进行表面涂饰所使用的涂饰材料、工具以及涂饰方法。

10.1 模型常用涂饰材料及辅料

1. 油漆类

油漆的种类很多，其用途及施用对象、方法也各有不同。手工方式进行模型表面涂饰主要使用硝基漆、醇酸树脂漆、丙烯酸漆等，如图 10.1 所示。

图 10.1

不同类型的油漆涂饰后产生不同肌理、质感，给人产生不同的视觉效果。正式涂饰之前，应进行涂饰试验，以熟悉不同种类油漆的特性与涂饰效果。

2. 溶剂类

1）油漆稀释剂

油漆稀释剂主要用于稀释黏稠的油漆，不同种类的油漆要选用配套使用的稀释剂。另外，施工完成以后要使用稀释剂及时清洗漆刷或喷枪上的残留油漆，防止漆刷板结及喷枪口发生堵塞问题，如图 10.2 所示。

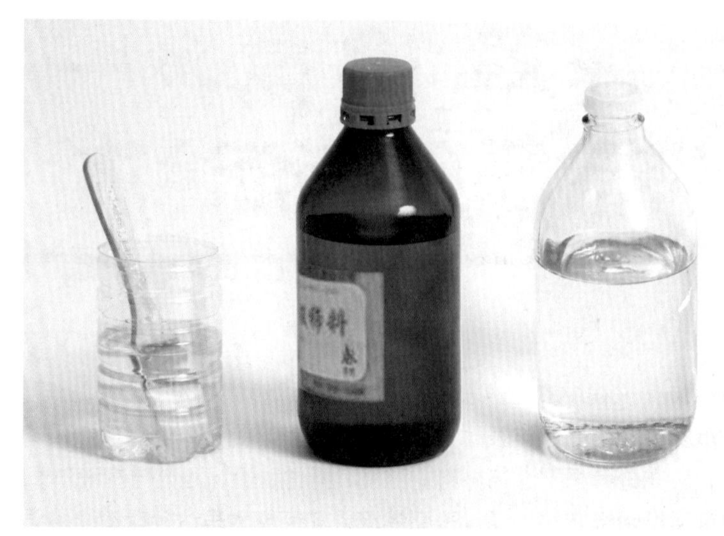

图 10.2

2）乙醇（酒精）、紫胶（漆片）

乙醇俗称酒精，是一种有机溶剂。紫胶是紫胶虫的分泌物，是一种天然树脂。目前大部分使用人工合成的漆片，使用乙醇可将紫胶溶解，制成紫胶溶液，如图 10.3 所示。

图 10.3

紫胶溶液刷涂在模型材料表面，具有良好的防水、防潮、耐油、耐酸、绝缘等性能，当乙醇挥发以后，可以在材料表面形成一层薄膜，起到隔离的作用，尤其是在质地比较粗糙的材料表面进行漆饰处理之前，需要涂饰紫胶溶液作为隔离层，再继续使用油漆在其表面进行涂刷。例如：在聚氨酯硬质发泡材料、石膏等比较粗糙的表面进行油漆涂饰之前，需涂刷紫胶溶液，可有效防止油漆直接渗入材料中。

3. 填料

参看第 3 章\3.2 节中的内容。填料主要用于填充模型表面出现的凹陷、裂痕及粗糙的表面等缺陷。填料种类较多，模型制作中经常使用原子灰作为填充料进行模型表面的修补。

4. 砂纸、低黏度遮挡纸

使用砂纸对涂饰层进行打磨，可以获得光滑的涂饰表面。

模型表面有时需要涂饰多种颜色，可使用低黏度遮挡纸将不喷涂的部位进行遮挡，如图 10.4 所示。

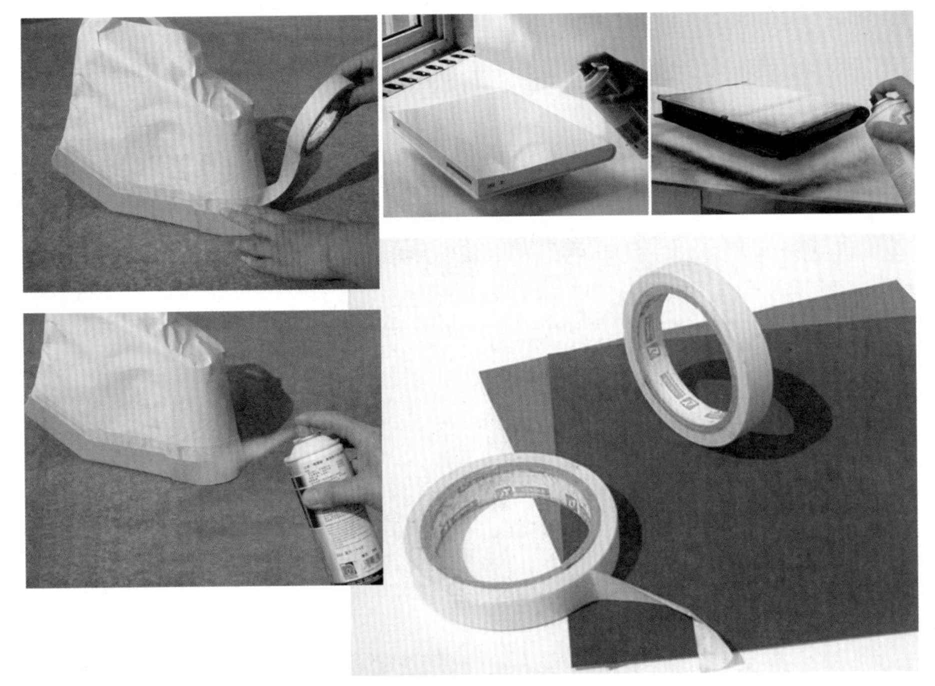

图 10.4

10.2　表面涂饰方法

在施用油漆时要注意如下事项。

- 不同种类（化工特性）的油漆不能混合调配。
- 使用前要充分将油漆搅拌均匀，并观察油漆涂料的黏稠程度，如需稀释要选用同类型的稀释剂进行稀释。
- 多组分油漆，必须按使用说明规定的比例混合均匀后再用。
- 油漆表面结皮或有粗颗粒状的现象时，应采取过滤措施，以免刷后漆膜不平整和堵塞喷枪。
- 每一次的刷涂或喷涂层要薄厚均匀，务必使上一次的涂层完全干燥以后才能进行下一次的涂饰，如果上一次的油漆未完全干透，再进行下一次涂饰的时候易造成漆面出现起皱现象。理想的油漆表面要经过若干次涂刷才能达到预期效果。
- 未干燥的油漆中具有挥发物质，会对人体产生刺激，喷漆或刷漆时注意要进行适当的防护。喷漆时最好戴上手套、口罩、防护服，防止挥发物对皮肤产生刺激。
- 涂饰环境要求无尘、通风。
- 根据油漆的覆盖能力，可分为不透明涂饰与透明涂饰。

常用涂饰工具参看第 3 章 \3.1 节中的内容；安全防护参看第 3 章 \3.3.2 小节中的内容。

下面简要介绍几种用于模型材料表面涂饰的方法。

10.2.1　石膏模型表面涂饰

参看图 2.19 所示的电动助力车电池盒设计，在模型表达阶段使用了石膏材料，下面以此模型为例，介绍使用不透明涂饰的方法对石膏模型表面进行涂饰（此方法也可用于聚氨酯硬质发泡材料的表面涂饰）。

石膏模型表面主要使用油漆涂料进行装饰，通过涂饰达到外观色彩表现要求。用油漆涂料涂饰模型表面主要采用手工刷涂及气体喷涂等方法完成。下面介绍使用油漆涂料进行涂饰的方法与步骤。

1. 除尘

涂饰前使用潮湿的毛巾去除石膏表面的石膏粉末，晾干后方可进行涂饰，如图 10.5 所示。

2. 涂刷紫胶溶液

01 将石膏模型衬垫至一定高度。使用羊毛板刷蘸取少量紫胶溶液沿一定方向、按次序均匀刷涂，注意紫胶溶液的浓度不能太高，否则容易出现流挂现象，如图 10.6 所示。等待第一遍干燥以后才能进行第二次涂刷，第二次涂刷的方向要与上一次呈 90 度，以增强覆盖力。

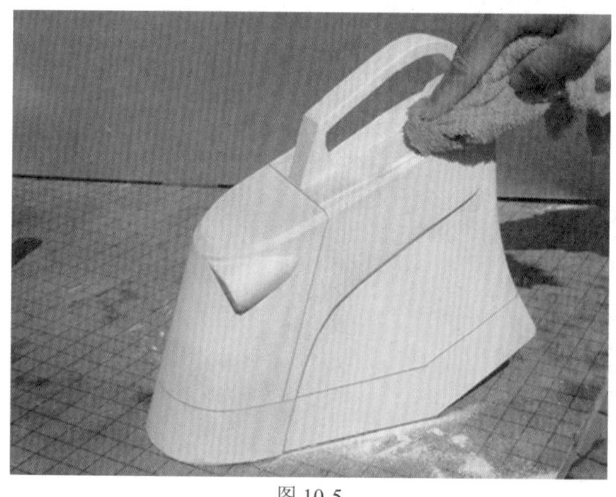

图 10-5

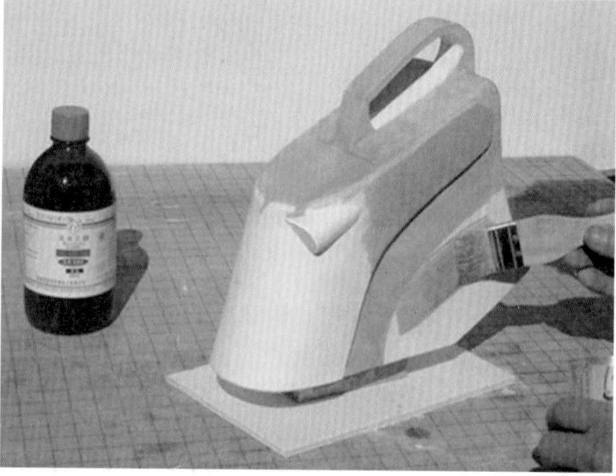

图 10-6

02 涂层干燥以后，观察表面如果有颗粒或流挂现象，使用高目数的水砂纸蘸水轻轻将其打磨平整，如图 10.7 所示。

03 使用潮湿的毛巾擦净粉尘，准备下一次刷涂。经过多次涂刷，可在石膏模型表面形成一定厚度的隔离层，目的是防止油漆涂料直接与石膏表面接触，如果直接使用油漆涂料涂刷于石膏表面，虽经过多次刷涂也不容易获得光滑的表面。

04 最后一次的涂刷要薄、要光滑，等待紫胶溶液完全干燥以后，换用油漆涂料进行表面涂饰。

3. 涂饰油漆涂料

1）刷涂

01 使用板刷蘸取少量油漆涂料，先沿一个方向快速、有序地点按板刷使涂料均匀分布于涂刷部位，目的是将油漆涂料均匀分布，避免造成局部涂料量过多，如图 10.8 所示。

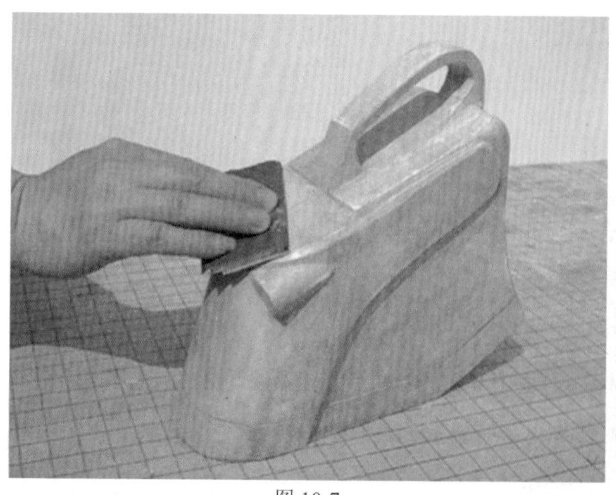

图 10-7

图 10-8

02 继续沿着点按的方向来回匀速拖动板刷将涂料刷平，如图 10.9 所示。

03 马上改变板刷的涂刷方向，用板刷轻轻平扫一遍涂刷层，将刷涂痕迹带平，如图 10.10 所示。此涂刷方法称为“横刷竖带”，很容易将涂料刷平。

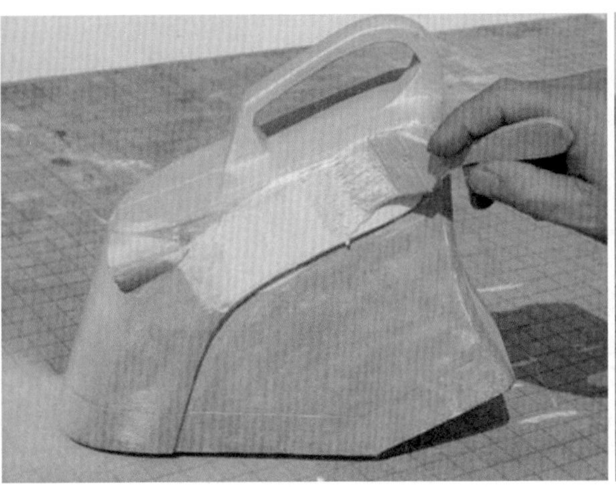

图 10-9

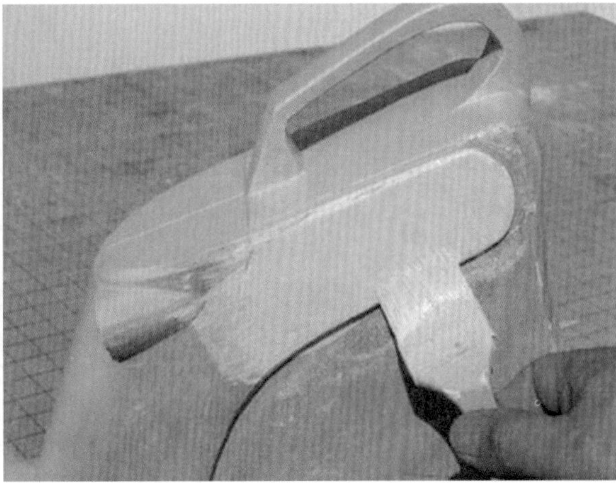

图 10-10

04 继续按顺序逐渐将涂料薄而均匀地涂满整个模型表面，如图 10.11 所示。

05 根据涂层表面质量确定是否进行下一次涂饰，如继续进行涂刷，需等待上一次涂刷的涂料完全干燥，然后用水砂纸蘸水均匀打磨涂料层并除去粉尘，再进行下一次涂刷，注意每一遍涂刷要薄而均匀。

2）喷涂

01 预估油漆使用量，将调和好的油漆注入喷枪的储料罐中，拧紧储料罐的盖子，防止喷枪倾斜时油漆外流。

02 使用气泵带动喷枪进行喷涂前，需要调试喷枪的压力旋钮以控制喷出的流量大小，先在另外的一块相同材料上进行试喷，观察喷涂效果，达到要求以后方可在模型表面进行喷涂；如使用自喷漆进行喷涂，在喷涂之前要用力摇动自喷漆瓶，以增加瓶内的气体压力，喷涂后方能获取较好的喷涂效果。

03 喷枪与模型表面之间要保持一定距离，距离远近要根据喷出的流量大小决定。

04 喷涂过程中要匀速移动喷枪，并按次序喷涂整个模型表面。如果出现喷涂不均匀的地方可以通过下一次喷涂过程逐渐覆盖，切忌不要只在一个地方来回喷涂，如果在一个地方反复喷涂，极容易造成流挂现象。

05 等待上一次涂层干燥以后方可进行下一次喷涂，如果发现涂层出现颗粒、流挂等现象，需使用水砂纸蘸水打磨平整，并除尘。经过多次喷涂可获取理想的表面涂饰效果，如图 10.12 所示。

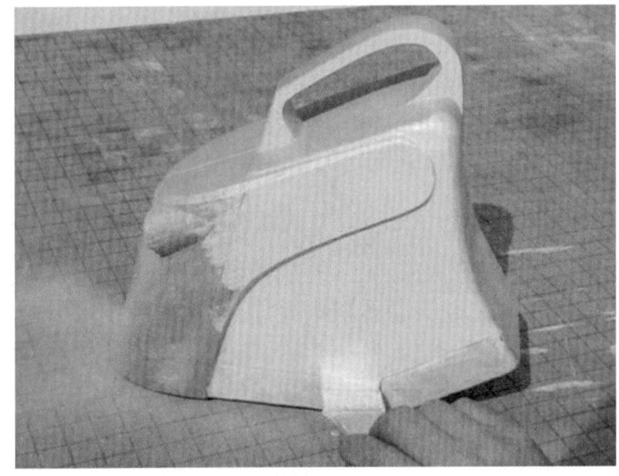

图 10-11

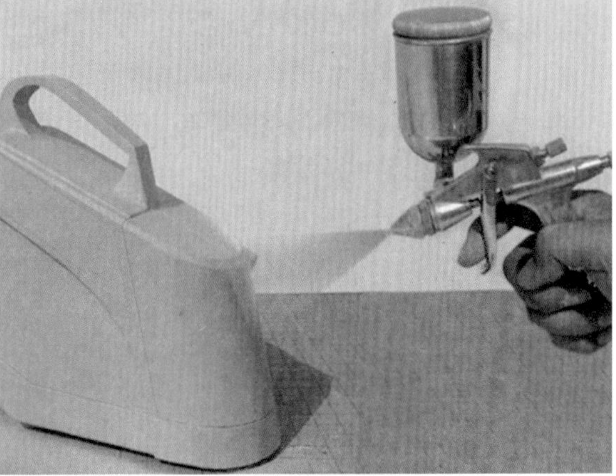

图 10-12

06 如果在模型表面需要涂饰两种以上的颜色，需使用低黏度遮挡纸在颜色变换的部位仔细粘贴出轮廓形状，其他地方用废旧纸张、塑料薄膜等包裹严密再进行涂饰，如图 10.13 所示。等待涂料层将要干燥以后慢慢揭下遮挡纸。

4. 装饰

如果模型上有文字、图案等装饰，事先在有背胶的打印纸上打印出文字或图案，将裁切下来的文字或图案按位置粘贴于模型表面上，条件允许的情况下，采用丝网印刷能够印出更加理想的文字或图形，如图 10.14 所示。

无论使用刷涂或喷涂的方法，为提高模型表面的光亮度，最后需要使用清漆（清油）在整个模型表面进行涂饰。

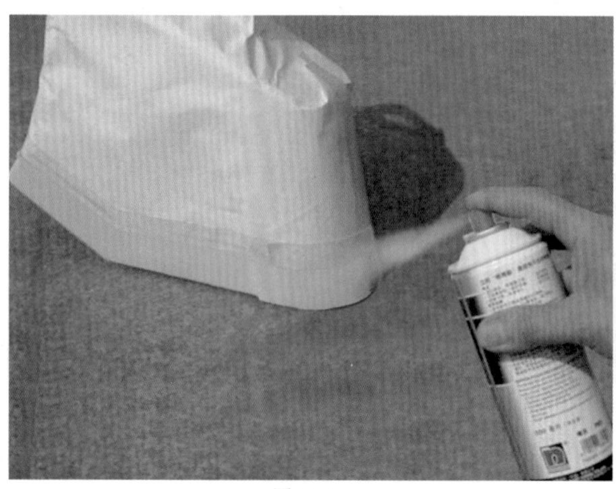
图 10-13

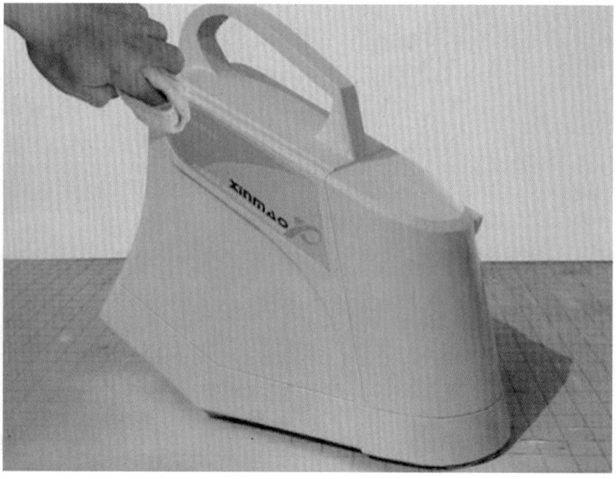

图 10-14

10.2.2 塑料模型表面涂饰

参看图 8.42 所示的便当盒设计，此模型使用了塑料材料，下面以此模型为例，介绍使用不透明涂饰的方法对塑料模型表面进行涂饰。

使用热塑性塑料材料制作模型，可以直接选用有颜色或有肌理的半成品材料作为模型表面装饰，但一般情况下需要重新进行表面处理，由于在制作过程中不免产生制作误差，加之零件相互黏合的部位可能会产生缝隙，都会影响表面质量，因此需要对塑料模型表面进行涂饰处理。

1. 攒原子灰

塑料模型在加工过程中可能会出现局部不平整的地方，或者零件黏结后出现缝隙，可以使用原子灰填补、找平。

01 根据一次使用量的多少按比例将原子灰与固化剂进行调和，已经调和的原子灰凝固后无法再继续使用，要适量调和避免浪费。打开桶装原子灰后，使用搅拌棒将原子灰充分搅拌均匀，适量取出原子灰，放置在托板上，如图 10.15 所示。

02 按比例要求挤出一些固化剂，固化剂与原子灰是重量比，按照使用说明调整两者的比例，如图 10.16 所示。

03 使用刮片将固化剂与原子灰充分调和均匀，否则没有融入固化剂的原子灰不凝固，如图 10.17 所示。

图 10.15

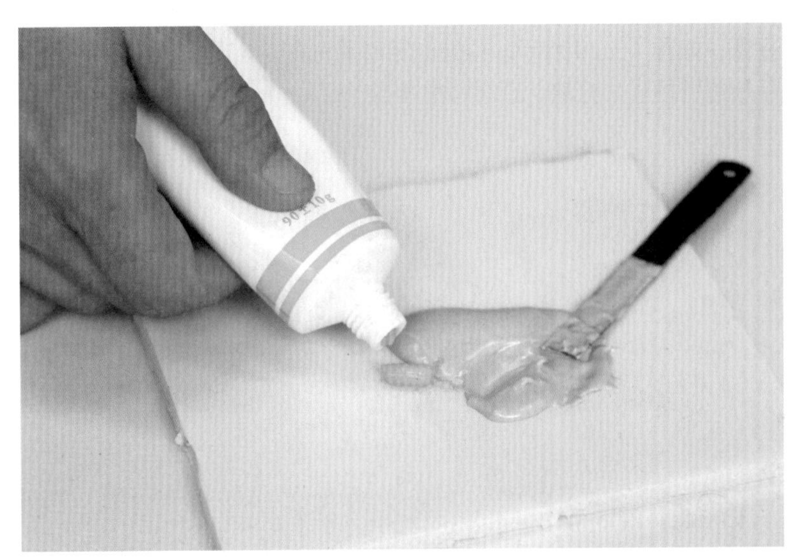

图 10.16

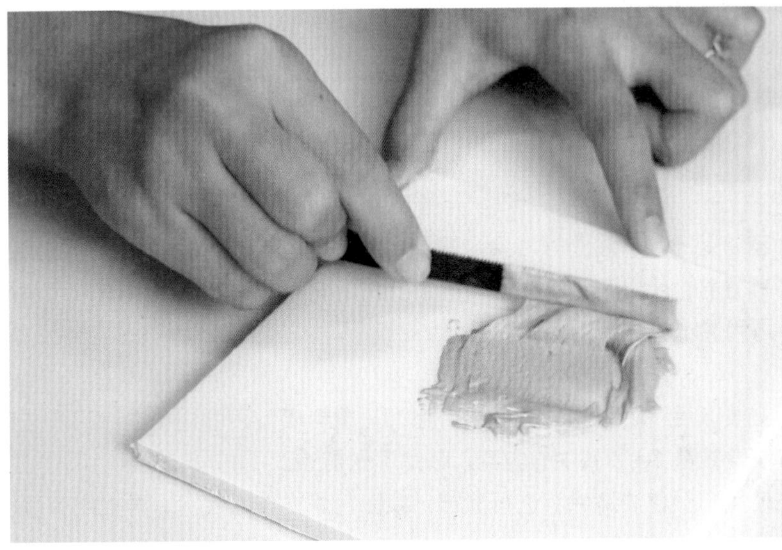

图 10.17

04 攒灰之前，用粗砂纸打毛攒灰部位以增加原子灰的附着力。用有弹性的金属、塑料、橡胶等刮片将调和好的原子灰填充于凹陷、勾缝部位，如图 10.18 和图 10.19 所示。

图 10.18

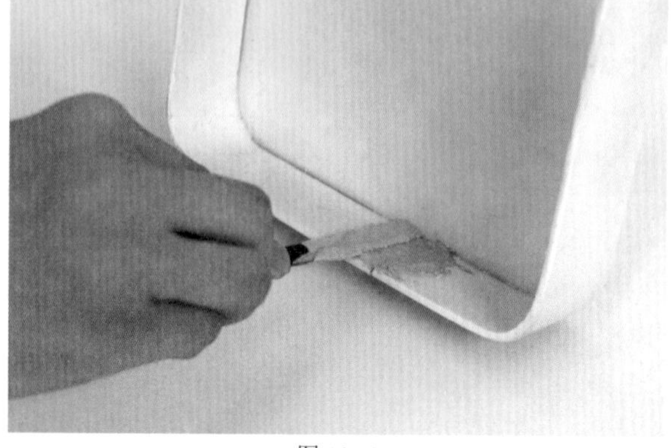
图 10.19

2. 打磨

待原子灰完全凝固后，使用水砂纸蘸水通体精细打磨。将水砂纸裹在一块小平板上蘸水打磨比较省力，且打磨得比较平整，如图 10.20 所示。打磨时随时清洗灰尘，仔细观察攒灰部位，发现有缺陷的地方继续调和适量原子灰进行攒补、打磨，直至打磨平整。

图 10.20

3. 涂饰油漆涂料

1）去渍

塑料模型表面容易受汗渍、油渍等污染，如果直接使用涂料进行涂饰，在有油渍的地方经过油漆涂料涂饰，不容易将其覆盖，所以在塑料模型表面进行涂饰之前需进行去渍处理，可使用酒精或洗涤液清洗塑料模型表面，再用清水将洗涤用品清洗干净。

2）喷涂

塑料模型表面去渍以后，晾干水分方可进行涂饰。塑料模型表面适于喷涂的方法进行表面涂饰，效果比较好。喷涂方法请参看 10.2 节中的内容，在此不做赘述。

一般情况下先使用白颜色油漆涂料进行涂饰，以白色涂料作为底涂，再换用有颜色的油漆涂料进行涂饰，可获得理想的颜色效果，如图 10.21 所示。

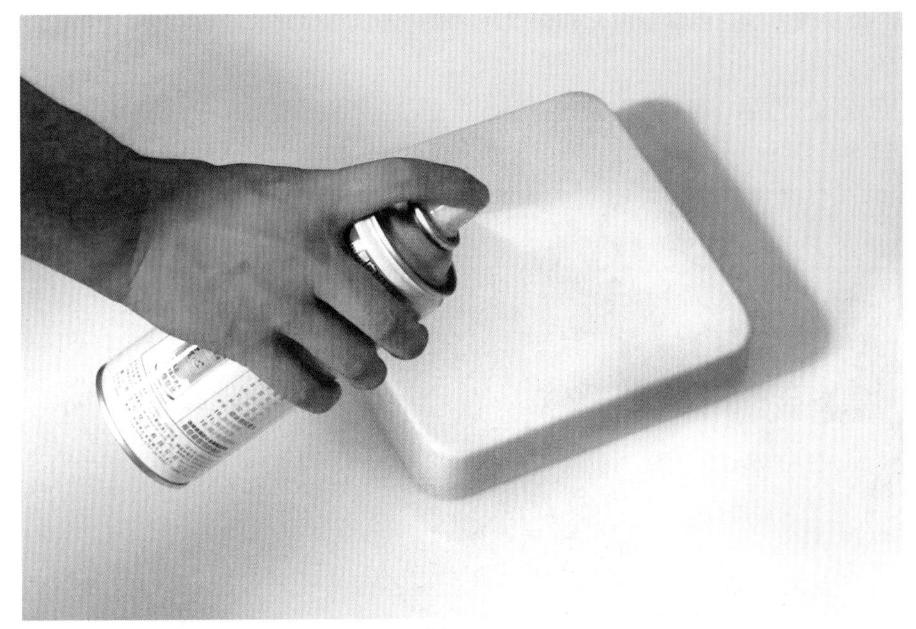

图 10.21

4. 装饰与组装

所有零部件按要求进行涂饰以后等待完全干燥。如果零件上需要进行图形图案等装饰，首先在零件上做装饰处理，再将零部件进行组装，如图 10.22 所示。组装过程中要带上干净的手套，防止对油漆表面形成二次污染。

图 10.22

10.2.3　木模型表面涂饰

以手工方式进行木模型表面处理时，一般情况下使用油漆涂料、采用刷涂或喷涂方法进行表面涂饰。参看图 9.1 所示的婴儿摇床设计。木模型可以使用不透明涂饰或透明涂饰的方法进行表面处理，下面以此模型为例，介绍使用透明涂饰的方法对木模型表面进行涂饰。透明涂饰是指能够保留木材的自纹理的涂饰方法，既能使木模型表面获得光亮的效果，也能体现木材的天然材质美。

1. 打磨

木构件相互连接成型后，可能会出现一些装配误差，需要用木锉、木工短刨等工具进行整形处理，整形后用电动打磨机或粗细不同的砂纸将木模型通体打磨光，如图 10.23 所示。

图 10.23

2. 去毛

在表面涂饰之前，需要将打磨下来的木屑以及木材表面的纤维去除，使用蘸过热水的毛巾用力擦拭木模型表面，进行去毛处理，如图 10.24 所示。

图 10.24

3. 喷涂

使用透明清漆对模型表面通体喷涂，如图 10.25 所示。

图 10.25

4. 组装

将所有零部件喷涂，等待油漆完全干燥以后进行安装、调试，完成整个涂饰过程。

10.3　本章作业

思考题

叙述涂饰方法与操作步骤。

实验题

1. 使用羊毛板刷进行刷涂训练。
2. 使用喷枪进行喷涂训练。
3. 按比例调和原子灰，观察凝固时间，使用水砂纸蘸水打磨原子灰。

后　　记

本书出版是基于早期出版的《图解产品设计模型制作（第二版）》，本次出版改变了书中的结构，相信读者阅后会有所帮助。书中内容虽然力求叙述详尽，恐受水平所限仍留有缺憾，若所写内容能够给读者以启示或参考，是笔者最大的欣慰，也诚心欢迎读者提出宝贵意见。

本书编写过程中得到多方支持与协助，感谢清华大学出版社对我们工作的大力支持，特别衷心感谢高思老师，正是由于高思老师的敬业精神和辛勤努力才使此书得以出版。另外，书中的部分模型图片由本系学生提供，部分模型的制作过程由张莹、张喜奎、潘弢老师以及潘润鸿、罗显冠等同学操作演示完成，特别在此深表感谢。